大象的时间，
老鼠的时间

〔日〕本川达雄 著

乐燕子 译

南海出版公司

新经典文化股份有限公司
www.readinglife.com
出　品

目录

1　　第一章 动物的体型和时间

7　　第二章 动物的体型和进化

21　　第三章 动物的体型和能量消耗

39　　第四章 动物的体型和栖息密度

55　　第五章 动物的体型和行动方式

67　　第六章 为什么动物不用轮子

77　　第七章 使用纤毛和鞭毛游动的小生物

97　　第八章 呼吸系统和循环系统的必要性

109　第九章　动物身体器官的大小

123　第十章　动物的时间和空间

133　第十一章　细胞的大小和结构

145　第十二章　昆虫的秘密

157　第十三章　利用光的珊瑚

173　第十四章　奇妙的棘皮动物

197　后记

200　附录

第一章
动物的体型和时间

动物的体型有大有小，既有几吨重的大象，也有几百克重的老鼠。体重差距如此之大的动物，寿命分别有多长？长到成年需要多久？一生的心跳数是多少？本章会告诉你，原来动物的时间和它们的体重是成正比关系，是不是很奇妙？

体型不同，动物的时间也不同

体型小的人动作敏捷利落，体型大的人动作从容不迫。动物也是一样，老鼠总是匆匆忙忙的，大象则总是慢悠悠的。

我们一般用钟表来计量时间。这个由齿轮和发条组合而成的机器硬性地分割出时间，让我们以为时间对于万物是平等的，是它无情地驱使着万物。

然而实际情况似乎并不是这样。生物学告诉我们，大象有大象的时间、狗有狗的时间、猫有猫的时间、老鼠有老鼠的时间，不同体重的生物有不同的时间。生物的这种时间区别于物理时间，称为生理时间。

体型大小和时间之间是不是存在某种关系呢？一直以来，很多人都在研究这个问题。比如测量老鼠、猫、狗、马及大象心脏跳动的时间间隔，试着寻找不同动物的体重和时间的关系。

使用体重表示大小，是因为体重可以马上用秤测量出来，而如果用体长来表示的话，就会出现诸如尾巴是否计量在内，计量的话是计算伸直的长度还是计算蜷起来的长度等各种各样很难统一的问题。

测量哺乳动物时间和体重的关系，会得出这样的结论。

时间$\propto$体重$^{1/4}$（符号"$\propto$"表示成正比例关系）

也就是说，哺乳动物的时间与其体重的1/4次方成正比。

体重增加，时间就会变长。1/4次方表示平方根的平方根，所以当体重变为原来的16倍时，时间会变为原来的2倍，体重与时间的比例不是简单的正比关系，相对于体重的增加，时间变长要慢得多。

虽然如此，随着体重的增加，时间还是会变长。也就是说体重越大的动物，做事情就越花时间。因此不同的动物所花的时间也不同。当体重增加10倍，时间就增加1.8（$10^{1/4}$）倍。也就是说，如果两种动物花费的时间相差近2倍，那它们的体重差距就相当大了。

这个1/4次方法则广泛适用于与时间有关的各种现象。在动物的一生里，寿命的长度、从出生到成年所需的时间、性成熟所需的时间、胎儿在母体内停留的时间等，全部遵循1/4次方法则。

动物身体的活动时间也适用 1/4 次方法则。比如呼吸的时间间隔，心脏跳动的时间间隔，肠子蠕动的时间间隔，血液在体内循环一周的时间，食物进入体内消化后排泄出去所需的时间，蛋白质合成分解所花费的时间等，都遵循这个法则。

　　生物时间也许可以这样理解：心脏跳动的间隔是不断重复的，呼吸间隔和肠子蠕动的间隔也一样。而排出血液内废物的时间则大概与血液循环的时间相关联。

　　寿命也一样，虽然对于个体来说，生命只有一次，但作为一个物种，不同个体的生死更替，也只是单位时间的不断重复。生物时间的周期根据生物体重的不同而不同。体重越大的动物，循环一次花费的时间越长；体重小的动物循环的频率相对更快。

不同的动物心跳数相同吗？

　　有人这样计算过，如果与时间有关的现象全部与体重的 1/4 次方成正比，那么把任意两个与时间有关的现象相除的话，得到的结果就与体重无关。比如，如果用心跳间隔除以呼吸间隔，就会发现在一次呼吸间隔里，心脏会跳动 4 次。不管哺乳动物体重差别有多大，这个数字都是一样的。

　　如果试着用寿命除以心跳间隔，就可以得出，不管哪种哺乳动物，一生的心跳大约都是 20 亿次。

如果用寿命除以呼吸间隔，就可以得出哺乳动物一生之中大约呼吸 5 亿次。在这一点上，不管体重大小，基本都是相同的。

从物理时间上看，大象的寿命比老鼠长得多。老鼠只能活几年，大象却能活接近 100 岁。但从一生的心跳数来看，大象和老鼠的寿命几乎相同。体重小的动物体内发生任何现象的速度都比较快，所以物理寿命短。但对于大象和老鼠来说，活完一生的感觉应该没有什么不同吧。

时间原本只是个概念。我们相信"所有事物都在按人类的时间运转"，就这样活到今天，但有关"体型"的生物学推翻了我们这种常识。

接下来，我们来看一下动物的体型对其生存方式造成的影响。从这个话题也可以推断出，人作为生物，也有体型与时间的问题。忽视这一点，就不能理解人在思想和行动等方面的差异。了解这一点也是最基本的素养。本书的目的，就是从体型这个角度来了解动物和人。

第二章

动物的体型和进化

动物的体型和进化有什么关系呢？一般来说，随着时间的推移，动物的体型会越来越大，比如马的例子。但是，在一个与大陆隔绝的岛屿上，大象的体型会变得越来越小，而老鼠却会变得越来越大，这是为什么呢？

随着进化，动物会越来越大吗？

首先来看有关进化的话题。生物的历史会告诉我们关于体型的什么事情呢？

说起体型大的动物，首先浮现在我们脑海中的大概是大象。但大象并不是从一开始就像现在这么庞大。大象的祖先其实只有野猪那样大，在不断进化的过程中才逐渐出现了体型较大的种类，比如猛犸象、非洲象等。

当我们调查某些动物化石时，会发现有很多动物刚开始体型都很小，随着时间的推移不断变大。研究者这样描述这种进化趋势："同一物种的进化过程中，体型大的种类有晚出现的趋势。"并以发现者的名字将之命名为柯普法则。大象和马是很好的例子，教科书上经常用图来描述它们不断变大的过程，我想很多人都看过。在无脊椎动物中，也有鹦鹉螺化石的例子。另外，珊瑚、棘皮动物、腕足类、单细胞动物中的有孔虫等都符合这个法则。

爱德华·准克尔·柯普是活跃在十九世纪的美国著名古生物学者。他是定向进化论的支持者。定向进化论是指某些物种具有向特定方向进化的特性。以马为例，随着时间的推移，除体型增大之外，脚趾的数量逐渐减少，牙齿构成也渐渐变得复杂，一般认为这些都是马原本具有的特性，只是在进化过程中不断得到强化发展。很多物种在进化过程中都有体型增大的趋势，所以柯普认为动物本身具有不断变大的定向进化特性。

但现在的进化学还不接受柯普的说法。进化学认为变异体现出的方向性是由于自然选择所致，虽然进化发生了，但变异本身并没有方向性。假如出现了方向性，是因为朝着这个方向转变的特性更有利于生存。如果进化学承认柯普法则，就意味着体型大的动物更有利于生存。那么，真是这样吗？

让我们试想一下体型大会有什么好处。另外，本章中会出现很多实例，我会在后面的章节中具体说明，大家感到有疑问时，可以先放一放继续往下看。

体型越大越好？

体型大有不易受环境影响、能保持独立性等优点。动物通过身体表面接触环境,体型越大,单位体积对应的表面积就越小,那么环境就越不容易通过体表影响动物。

体温就是很好的例子。体型越大的动物越容易保持恒温。这和碗里的水凉得快,而浴缸里的水凉得慢是相同的道理。当然,浴缸里的水热得也慢。

体积与体长的立方成正比,而表面积与体长的平方成正比。因此,体长(体型)越大,表面积/体积的值越小。大浴池中单位体积的水接触空气的面积比碗要小,因此凉得慢。以此类推,体型越大的动物越能承受急剧变化的温度。

体温恒定还有更大的优点。动物体内发生的化学反应的速度是随着温度变化的,体温越高,速度越快。比如肌肉收缩就是基于化学反应的,收缩速度因温度不同而有所区别。因此在捕猎时,若由于体温降低,令肌肉收缩受到影响,就有可能让猎物跑掉。这是相当糟糕的情况。

恒温的另一个优点是恒时。如果由于体温不同,导致花费的时间有所变化的话,那么就难以进行精确的运动和控制。鸟类和哺乳动物的体温会保持一个相当高的恒定温度。保持高体温能够快速运动。而恒定的高体温,就能够保证稳定而精确的高速运动。也正因为有这样的优点,鸟类及哺乳动物才会付出相当大的精力与代价保持恒定的高体温。

在恒温动物中,就单位体重而言,体型越大的动物,保持恒温所需的能量越少。即使是变温动物，体型大的动物也更容易保持一定的体温。关于恐龙是恒温动物还是变温动物的问题还有争议，但也有人用以上理论推想，几十吨重的巨大恐龙即使没有鸟类或哺乳动物的体温调节系统，体温也可能是恒定的。

体型越大的动物越能耐干旱，因为它们从体表流失的水分相对较少。骆驼被称为"沙漠之舟"，是由于巨大的身体被长毛覆盖，抑制了体表水分的流失及热量的散发，因而能忍耐沙漠的干旱生活。

体型越大的动物也越能耐饥饿。当动物处于饥饿状态时，就会消耗身体中储存的脂肪，当体重减少到一定程度时，很多动物会因为无法忍受而死去。体重越大的动物单位体重消耗的能量越少，所以它们越能忍耐长时间的饥饿（下一章会具体说明）。当然，体型大的动物行走的速度快，活动范围大，因此能不断移动寻求好的环境，从这一点来看，也可以知道大型动物应对饥饿、寒冷、酷暑及干旱等恶劣环境的能力较强。

一般来说，动物生存必需的基本机能类型不会因为体型的变化而变化，但是体型越大的动物细胞数量越多，因此能够把多余的部分用于新机能的开发。另外，它们的细胞代谢率相对更低，能量有富余，所以大型动物有条件充分发展智能，比如人和海豚。

小动物相对于体型来说，食量很大。蓝翅黄森莺这种小鸟每30秒就要捕食一次虫子，因此它的大部分时间都用于捕食。体型越大的动物进食的间隔越长，因此有更充足的时间用来从事其他活动。

体型大便意味着强大。奔跑的速度和体重使它们在生物圈中处于优势。不同物种竞争时，大型动物往往占优势。比如，根据在非洲热带草原上的观察，在大象喝完水前，其他动物都会老实地等待。喝水的顺序一般是大象、犀牛、河马、斑马……另外，即便在同一物种中，大型雄性动物也更容易独占雌性动物，比如海豹，体型较大的海豹在争夺雌性的争斗中更易获胜，可以留下更多的后代。

这样看的话，个子高、收入高、学历高——现代女性对另一半的期望简直就是动物学上的标准。高个儿男性和喜欢高个儿的女性结合，个子高的基因就会遗传下去，身高就会越来越高。这是柯普法则的现代解释。

以上理论会让人觉得体型大是件好事，未来世界将会只剩下大型动物。但现实并非如此，小型动物也照样好好地生存着。难道是我们的推论有不对的地方吗？

二十多年前，柯普法则被重新探讨。追溯各个种群的进化史可以看到，在进化的过程中，很多大型动物的确出现得很晚。在这点上，柯普法则是正确的，但这并不能说明大型动物处于优势地位，因为进化是从小型动物开始的。美国约翰·霍普金斯大学地质古生物学家斯坦利在认真研究了鹦鹉螺化石后，得出了这样的结论：大部分新的动物种群的祖先都是小型动物。哺乳动物也好，灵长类也好，都是从松鼠这般大小的动物进化而来的。

各个种群从小型动物开始，随着时间的推移进化出了各种各样的动物。体型也有各种各样的变化，刚开始是小型动物，后来才出现了大型动物。因此，如果只注重大型动物，即使证明了柯普法则成立，也只说明动物的多样性增加了。如果将各个时代鹦鹉螺化石的体型分布图加以比较，可以看出，随着时间的推移，鹦鹉螺的最大体型的确在不断变大，而分布图中体型的中间值却几乎没有变化。

柯普法则是正确的。但是只听一面之词，容易陷入"定向进化论"及"体型越大越好"等错误的想法。科学具有只截取自然某一面进行思考的性质，但这一面所展现的不一定是正确的方向，我们不应该忘记这一点。

那么，小型动物为什么容易成为某个种群的祖先呢？原因在于越小越容易发生变异。小型动物的寿命短，数量多，所以在短时间内变异产生新物种的概率大。另外，体型越小的动物，其移动能力越弱，容易从地理上与附近的其他种群保持隔离，因而由变异物种组成的新集团独自发展的机会更多。还有，体型越小的动物越难适应环境的变化，能适应的可以存活下来，其他的则被淘汰。这样想的话，我们就能理解小型动物为什么容易成为种群的祖先了。

大型动物不易受微小的环境变化影响，能够长寿，这本来是它们的优势，但这种稳定性却成了障碍，使这一种群很难产生新的物种。加之大型动物数量少，一旦遇到难以克服的环境巨变，就会因为没有产生新物种而灭绝。另一方面，虽然小型动物不断被捕食，死亡率高，却因为个体多并不断产生新物种，因此有很大概率留下后代。

灵活机动和平稳安定是两种不相容的特性，动物不管选择哪一种都可以存活。地球环境既不是一成不变，也不是总在天翻地覆。现在，这个地球上既生存着大型动物，也生存着小型动物，这意味着两者都能以各自的生存方式延续下去。

大型动物被捕食的概率确实很低，而小型动物由于数量多、灵活机动、容易隐藏，也能留存一定的数量。

虽然体型小的动物难以适应环境的变化，但它们需要的食物量少，即使遇到干旱，只要留下一个水塘、一根草，它们就能活下来。而且由于寿命很短，它们在有水期间可以马上生长、产卵，下一代以卵的形式度过干旱期，小型动物就有这样的绝技。因此，虽然小型动物个体的生存概率小，但从整个种群来看，其生存概率比起大型动物并不是特别小。

从体温调节来看，恒温性也并不一定是最好的。小型动物通过自身调节或晒太阳，马上能将体温调节到适合活动的温度。

因为体温越高消耗的能量越多，所以休息时就不用提高体温，不做无谓的浪费。另外，体型小的话，体温容易升高也容易降低，只在必要的时候保持高体温，更节省能量。

个别恒温动物也会在食物少的冬天冬眠，但是像熊这样的大型动物即使在冬眠中也不能降低体温，而睡鼠等体型小的动物在冬眠中就可以通过降低体温节省能量。

岛上的大象为何越来越小？

岛屿法则是古生物学上的另一个法则。

人们发现，岛上的动物和大陆上的动物体型不同。典型的例子是大象，岛上的大象在不断进化的过程中体型越来越小。

与大陆相比，岛屿食物少、面积小，在这种环境下动物体型变小是合理的，但事实并非如此简单。我们看到，在岛屿上，老鼠、兔子等小型动物的体型反而会变大。

在岛屿上，大型动物有变小的趋势，小型动物有变大的趋势，这在古生物学中被称为"岛屿法则"。

我们看了化石，就会发现这种岛屿动物的体型变化。第四纪冰期被称为哺乳动物时代，因为这个时代并不久远，化石很丰富，地质史也很清楚。我们沿着时间轴来观察这个时代岛屿上的哺乳动物化石，就会很清楚地发现动物体型的变化。

在第四纪冰期，海平面较低，现在的许多岛都和大陆相连，而在海洋深处被隔开的岛，比如苏拉威西岛、地中海中的各个岛屿，以及西印度群岛、加利福尼亚湾群岛等一直与大陆隔绝，那里的大象、河马、树懒等大型动物都小型化了。

令人印象最深刻的是大象，岛上的大象越来越小，终于变成了小型动物。这种大象即使成年，高度也只有一米左右，和牛差不多。而同时期的大陆上，巨大的长毛象正在拖着高大的身躯悠闲地散步。相反，岛上的老鼠却慢慢变大，出现了和猫差不多大小的种类。

为什么在岛上的动物会出现这样的体型变化呢？一个原因可能是捕食者。与世隔绝的岛上，捕食者也减少了。通常情况下，要养活一只肉食动物，需要约一百只草食动物。然而岛很小，草食动物的数量不多，肉食动物就会因食物不够而无法生存，这样草食动物的生存机会就大了。

大象为什么体型庞大？大概是因为越大越难被捕食者捕食。老鼠为什么那么小？大概是因为在有捕食者的情况下，体型小更容易隐藏，更容易逃避捕食者的目光。

大象看起来是很幸福的动物。在动物聚集的地方，大象来了，别的动物会走开让大象先喝水。因此体型大，干什么都很方便。但是，在第九章中我们会看到，大象的骨骼为了支撑沉重的身体承受了很大压力。为了不被捕食者吃掉，大象会努力变得庞大，但在没有捕食者的情形下，就没有必要为变大而勉强支撑。

形体庞大也有代价，体型越大的动物，繁衍后代所需的时间越长，结果就会减少变异产生新物种的可能性。体型非常庞大的动物通常被看成特殊物种，因为这意味着这个物种走进了进化的死胡同。

事实上，大象目前只剩下印度象和非洲象两种，而这两种也面临着灭绝的危险。不管是大象还是鲸鱼，这些大型动物即使不被人类捕杀，也会在不久的将来遭遇灭绝，从这个意义上讲，它们都是珍稀动物。

而另一方面，老鼠也并不是因为个体的意愿才那么小。体型小就意味着得不断进食，一旦找不到食物，会面临饿死的危险。这是很痛苦的。在身体构造上，小也有不如意的地方。体型小，心脏就得像钟摆一样高速跳动，这对心脏和血管造成了很大的负担。

看起来幸福的大象，可能很想变回"普通动物"。老鼠也是一样。在岛上，因为没有捕食者的制约，大象变小了，老鼠变大了，回到作为哺乳动物最轻松的体型，这是对岛屿法则的另一种解释。动物的身体构造和生存方式会产生相应的制约，因此，体型不能随便改变，有一定的适应范围。

一九八六年至一九八八年，我在杜克大学学习了两年，就是在那儿从罗斯博士那里接触到岛屿法则的。罗斯是一位优雅的美国女学者，我看着她一边排列加利福尼亚湾岛屿上小型化的大象的牙齿化石，一边腼腆地说话，不禁想起日本的事情。

在美国生活期间，我接触到很多和日本不同的东西。拿做学问来说，美国研究的规模很大。既有在冰岛组织团队进行鲸鱼研究的人，也有以非洲的湖泊为舞台研究浮游生物的人，当然还有动用巨额资金，研究遗传基因和大脑的人。但是否进行团队合作要看学者个人，有人就是一直单打独斗，其中有不少人让我十分佩服。在下一章中出现的施密特－尼尔森就是其中一位。他是杜克大学的王牌教授，我深刻体会到自己远远无法与他相比。

顺便提一下他的著作《动物的大小为什么这么重要》，这也是本书前半部分的理论来源之一。罗斯就是他的学生。和杜克大学动物研究所有关的人多少都受到过施密特－尼尔森的影响，我也不例外。我就是在他影响之下才开始写有关动物体型的书。

在美国的大学里，像施密特－尼尔森这样有成就的学者有不少，让人非常佩服。但是一旦走出大学，感觉就完全不一样。不管是超市的收银员还是汽车修理工，反应迟钝到令人瞠目结舌，这样还是能领到工资。我在诧异的同时，深切地感觉到日本人的能力才刚刚开始发展。

啊，这就是岛屿法则！

在听罗斯讲话时，我这样想。在岛国的环境下，精英的规模缩小，很难出现被称为"超级巨人"的人物，而平民的规模变大，知识水平总体变高。岛屿法则似乎也适用于人类社会。

人如果住在大陆，可能会考虑一些毫无道理的事情，或者做一些违背常理的事。一旦被别人讨厌，只要躲开就可以了。但在岛上就不行。钉子只要冒出一点头来也会被敲打。因此，根本不可能出现在小岛的惊人想法在大陆产生了，并发展为强韧的思想，和其他如同凶猛的捕食者般的思想战斗。就这样，大陆上产生了经过锤炼的伟大思想，很值得敬畏。但是，这些伟大的思想不就是像大象一样的东西吗？这些思想远远超过了人们日常思考的范围，成为普通人难以明白的抽象的东西。其实，就像动物有适合它们自身的体型一样，思想也有适合它们的人群。我在听罗斯讲话时，联想到美国和日本的生活方式，不禁产生了这样的想法。

当然，这些联想并没有逻辑联系，但我认为在思考人类生活的时候，生物学也会提供相应的灵感。在几亿年的漫长岁月中，生物们进行了无数的实验。人类眼睛所能看到的只是活着的生物，遗留下来的化石则是实验过程的见证。将这个过程作为模型应用于人类社会也不是坏事吧？在思考岛国日本和大陆国家美国的不同之处时，现代生物学与古生物学都可以提供参考。

岛屿法则是不是适用于人类社会，我们暂且不论。现在地球上各个国家的人们联系紧密，地球似乎变小了，甚至可以将它当作一个岛屿来看待。地球发展到今天一直是"大陆时代"，但今后不管喜不喜欢，都将进入"岛屿时代"。因此，我们有必要从生物学等各个学科的角度来考虑，岛屿是什么样的地方，大陆又是什么样的地方。

日本人住在岛上，为了确立自我同一性，更应该认真考虑岛屿是什么。我想，日本人在岛上生活至今的智慧，将是未来人类的宝贵财富。

第三章
动物的体型和能量消耗

对动物来说，"吃"是最重要的，而且体型越大的动物吃得越多，这是理所当然的。但是，说到吃进去的食物有多少转化成了能量、发挥了作用，体型大的动物或许就不占优势了。另外，与动物相比，人类的情况又如何呢？

动物的体型和能量消耗有什么关系？

对于动物来说，"吃"是最基本的事。那动物的体型和食量有怎样的关系呢？

大型动物的确要吃更多食物。动物园里大象和河马吃东西的样子，简直让人佩服。

那么两种动物相比，体重是另一种动物 10 倍的动物，是不是也要吃 10 倍于另一种动物的食物呢？实际情况并不是这么简单。人们常说瘦人饭量大，可见饭量并不是随着体重增加而增加的。

我们不吃食物就无法生存。为了维持生物体这个复杂的构造，使它正常运作，就需要能量，而能量只能从食物中获得，所以不管是人还是动物都得不断吃东西。

进食可以说是生物最基本的行为，那么，根据动物体型的不同，食量会发生怎样的变化呢？食量当然和能量的消耗量有关。因此在本章，我们先来看看体型大小和能量消耗量的关系，下一章再探讨食量。

能量由身体"燃烧"摄入的食物而获得。

篝火燃烧时，树木中的可燃物质和氧气结合发生氧化反应，大量的能量以热能的形式被急剧释放出来。虽说同样是氧化反应，但在动物体内，氧化速度慢，发热也慢。动物通过呼吸为体内供给氧气，使食物氧化。氧化过程中产生的能量储存在ATP[①]中。ATP就是在必要的时候、必要的场所，释放出储存的能量供应身体需要的物质。没有氧气，动物会立即死去，因为ATP储存的能量无法释放，会导致身体的能量供应突然中断。

耗氧量是能量产生的标准。不管是碳水化合物、脂肪，还是蛋白质，燃烧后产生一定能量的耗氧量是一样的，通常情况下，平均每0.001立方米氧能得到20.1焦耳的能量。因此，用耗氧量来测定能量消耗量这一方法被广泛运用。

测定耗氧量的方法有很多，都不是很复杂，这也是使用耗氧量测定能量消耗量的充足理由。

而在实际测量时，耗氧量会依据动物的状态有很大的不同。这是当然的，跑步后呼吸频率加快，会吸进很多氧气；进食后为了消化就要使用能量，耗氧量当然会上升。

---

① Adenosine-triphosphate，中文名称为腺嘌呤核苷三磷酸，又叫腺苷三磷酸，简称为ATP。

我们把动物个体在不进食、温度适宜、情绪平稳的状态下的能量消耗量称为标准代谢量。这是个体维持生命所必需的基本能量，也称为维持代谢量。这时动物的状态不是睡觉或冬眠，而是不到处乱走，静静待着。一般标准代谢量的计算用代谢速度来表示，也就是单位时间消耗了多少氧气。

我们用图来表示。我们调查了从大象到老鼠等各种体型的恒温动物的标准代谢量，以横轴表示体重，纵轴表示标准代谢量。将从体重达 4 吨的大象到体重 40 克的老鼠的标准代谢量绘制在一张图表上很难，因此我们采用双对数坐标①绘制，这样横轴和纵轴的数值都扩大了许多（关于对数的相关知识，请

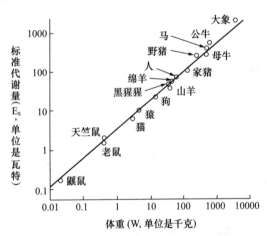

图 3-1 哺乳类动物标准代谢量和体重的关系
（施密特－尼尔森以 1984 年的数据为基础绘制）

①指两个坐标轴的单位长度都经过对数计算的平面坐标轴。

参照附录一）。

图 3-1 就是使用双对数坐标绘制出的大象和老鼠等动物的体重和标准代谢量的关系。不可思议的是，所有的点都分布在一条斜线附近，用双对数坐标，可以发现标准代谢量和体重之间存在简单的关系。

那么，我们试着用公式来表示"老鼠－大象斜线"。用 W 表示体重，用 Es 表示标准代谢量。

$$\log E_s = \log 4.1 + 0.751 \times \log W$$

体重 1 千克的动物标准代谢量为 4.1 瓦特，且所有的点都分布在斜率为 0.751 的斜线上。把对数式写成指数式的话，是：

$$E_s = 4.1 W^{0.751}$$

也就是说，标准代谢量和体重的 0.751 次方成正比。0.751 约等于 3/4，这在统计上没有差别，因此可以简单地表述为："标准代谢量和体重的 3/4 次方成正比。"

让我们看看这个公式表示的意思。标准代谢量和体重的 3/4 次方成正比，就是说体重增加到 2 倍的话，能量消耗量只增加到 1.68 倍。你也许认为 2 倍和 1.68 倍没有太大的差别，但如果体重差距很大的话，所得出的结果的差别就会非常庞大。比如体重增加到 100 倍，能量消耗量就会增加到 32 倍；体重增加到 1000 倍，能量消耗量就会增加到 178 倍；体重增加到 10000 倍的话，能量消耗量就会增加到 1000 倍。体重 4 吨（如大象等动物）和体重 40 克（如老鼠等动物）相差约 10 万倍，能量消耗量相差 5600 倍。

简单考虑的话，体重和能量消耗量以同样的比例增加似乎也是好事。如果体重只表示动物肌肉的量，那肌肉量增加几倍，能量消耗量也增加几倍，这种单纯的正比例关系似乎也是可以理解的。

但事实并非如此。动物并不只是根据体重使用能量。为了证明这一点，只要换算出每千克体重对应使用多少能量就可以知道。也就是用个体耗氧量除以体重。我们可以将公式变换一下，这样除法变成了减法，3/4 减 1 成为 -1/4（参照附录一）。

单位体重的耗氧量 = 个体耗氧量 / 体重

$$= 4.1W^{3/4} \div W^1$$
$$= 4.1W^{3/4-1}$$
$$= 4.1W^{-1/4}$$

单位体重的耗氧量与体重的 -1/4 次方成正比，也就是耗氧量与体重的 1/4 次方成反比，体重增加的话，单位体重的耗氧量反而减少。

大象的 1 克组织与老鼠的 1 克组织相比，能量消耗量要少得多。这是因为两种组织中细胞的活跃程度有差异，组织越大细胞越不活跃，因此能量消耗量减少。

细胞内的线粒体利用氧气制造出 ATP。如果细胞消耗的能量因动物体型不同而不同，可见不同体型的动物细胞内的线粒体的数量也不同。根据实际调查，体型越小的动物细胞内线粒体越多。此外，细胞内细胞色素浓度的情况，也是体型越小的动物，浓度越高。而能合成蛋白质的 RNA，也是小动物多。

接下来，我们回想一下时间与体重的 1/4 次方成正比的问题。平均 1 千克体重的能量消耗量与体重的 1/4 次方成反比，把这两个值（时间和标准代谢量）相乘的话，应该会出现与体重无关的量。这一结果就是整个生命历程中单位体重消耗的总能量。实际测量的话，比如哺乳动物心脏跳动一次，消耗的能量是平均每千克体重消耗 0.738 焦，一生消耗的总能量是一定的，大约为 15 亿焦。而 15 亿焦换算为煤油的话，相当于燃烧 40 升煤油的能量。

寿命因体重不同有很大变化，但是每千克体重一生使用的能量与寿命无关，是一定的。对小动物而言，这是不是就是所谓的"尽情燃烧短暂的生命"？

环境越冷，动物体型越大吗？

动物体型不同，能量的消耗量也应该相应地变化，这是法国数学教授萨利斯和拉蒙医生早在一百五十年前想到的。他们是这样设想的：像鸟类和哺乳类等恒温动物，为了保持一定的体温，必须不断散发热量。热量是通过体表散发出去的，因此散发的热量应和身体的表面积成正比。因为只要身体产生出的热量和流失的热量相同，就能保持恒定的体温，所以维持体温必需的能量肯定与身体表面积成正比。而这个能量与标准代谢量有关，那么标准代谢就应该和身体表面积成正比。这一观点叫"表面积法则"。

为了调查这种观点是否正确，必须首先估算动物的表面积。

一个固定形状的物体，其长度、表面积和体积之间有什么关系呢？球的表面积和半径的平方成正比，体积和半径的立方成正比。四方形物体的情况也一样。一般情况下，以下关系是成立的。

$$表面积 \propto 长度^2$$

$$体积 \propto 长度^3$$

动物的身体几乎都由水构成，密度基本和水一样，体积为5

立方分米的动物体重也大约为 5 千克,几乎都是如此。也就是说,我们可以用体重替换体积。因此,以体重为基准表述时是:

$$\text{体长} \propto \text{体重}^{1/3}$$

$$\text{表面积} \propto \text{体重}^{2/3}$$

因此,若标准代谢量和体重的 2/3 次方成正比,就可以认定表面积法则成立。

比较同一物种的恒温动物时会发现,越是住在寒冷地方的动物,体型越大。而在近缘种间比较时,也有寒冷地区的动物体型更大的倾向,这称为"贝格曼法则"。

动物体型越大,平均体重的表面积越小,热量散发的就越少。动物为了适应寒冷的生活,体型发生了改变,就是这个法则的证明。贝格曼法则是在表面积法则发表后不久出现的,作为表面积法则的实证被人们接受。

再稍微解释一下表面积和体重的关系。假如我们试着把一个物体的长度、宽度、高度都扩大 n 倍(n≥2),那这个物体的体积就会变大,但整体的形状不变。

表 3-1 中,就是将一个物体的长度、宽度、高度扩大 n 倍后,表面积、体积以及单位体积的表面积(表面积除以体积)的变化情况。

表 3-1　一个物体长度、宽度、高度的变化规律

长度	表面积	体积	表面积 / 体积
1	1	1	1
2 倍	4	8	1/2
3 倍	9	27	1/3
10 倍	100	1000	1/10
n 倍	n^2	n^3	1/n

体积不同而形状相同的图形在几何学上称为相似图形。比如真的汽车和等比例缩小的汽车模型在几何学上就是相似的。

长度扩大为 2 倍后，表面积会变成 2 的平方，即 4 倍；体积会扩大为 2 的立方，即 8 倍。那么表面积和体积的关系如下：

$$表面积 / 体积 \propto 长度^2 / 长度^3 = 1/ 长度$$

可见，形状相同的动物，表面积 / 体积的值与长度成反比。动物体型越大，单位体积的表面积就越小。

另外，如果动物制造热量的能力与组织的量成正比，那么它与体积也应成正比，又因为散发的热量与表面积成正比，因此，体型越大的动物，越有充足的热量，更能适应寒冷的环境，这一理论补充了贝格曼法则。而且对动物来说，能不能及时补充散发的热量，决定了这个物种的分布区域和体型，这也从反向

证明了表面积法则的正确性。

神奇的数字 3/4

第一个想用实验数据证明表面积法则的是德国的鲁布纳。他调查了体重在 3 千克到 30 千克间的各种狗，发现它们的耗氧量基本和表面积成正比。也就是说表面积法则得到了证明。这是大约一百年前的事情。

但贝格曼法则是单纯的经验法则，所以被称为规则。它和通过实验数据得出结论的鲁布纳的实验有很大不同，人们更重视后者。

后来，鲁布纳还测量了各种动物的标准代谢量，发现斜线斜率变成了 3/4。可是，标准代谢量若与表面积成比例关系，按照上面的分析，斜率应该为 2/3。虽然 0.75（3/4）和 0.67（2/3）看起来没有太大差别，但在统计上有不同的意义，因为如果斜率为 3/4，则说明表面积法则不成立。

除了表面积法则和贝格曼法则，还有人发表研究说，随着纬度上升，动物体型会变大，但超过某个纬度，体型反而会变小。但这也和贝格曼法则一样，只是一种一般性法则。

如果没有利用表面积进行理论证明，标准代谢量和体重的关系就会从定律变为单纯的经验之谈。虽然有很多人提出各种补充理论，但最终还是没有定论。

我们先不探讨为什么是 3/4，单位体重的代谢量若不随体型变小而变小就麻烦了，为什么呢？如果老鼠和牛的代谢量相同，为了维持体温，老鼠就必须把皮毛增加 20 厘米。这样的话，厚重的毛皮就使得老鼠无法走路。反过来，牛的热量就会滞留在体内，体温将超过 100 摄氏度，牛自身的热量会把自己变成牛排。

因此，虽然还没有理论上的证明，但可以明确 3/4 法则是普遍适用的规则。

迄今为止，我们一直在讨论恒温动物，那么变温动物的情况是怎样的呢？

我们测量了各种变温动物处于标准生理状态（即清醒、安静）时的耗氧量。温度首先设置为它们平常习惯的温度（不同动物习惯的温度是不同的）。为了方便比较，我们统一将其换算成 20 摄氏度时的耗氧量。换算时，温度升高 10 摄氏度，代谢速度加快至 2.5 倍。

这些变温动物，从无脊椎动物蚯蚓到两栖类动物青蛙，它们代谢量的值全部在一条斜线上。这条斜线的斜率虽然也是 3/4，但与恒温动物相比，位置稍微靠下。

把各种变温动物以及各种恒温动物的标准代谢量与体重的关系描绘出来，就得到图 3-2。可以发现，这两条斜线与体重的

3/4 次方成正比的直线简直一模一样。因为恒温动物和变温动物的标准代谢量都与体重的 3/4 次方成正比，就像表面积法则说明的那样，不能将体重和是否保持恒温联系起来。

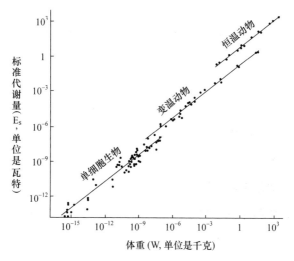

图 3-2　代谢量和体重的关系
（威尔基以 1977 年的数据为基础绘制）

　　恒温动物和变温动物的标准代谢量仅在系数上有所不同。因此用变温动物的公式除以恒温动物的公式，体重项就会消失（见表 3-2）。这样就得出：同样体型的动物，恒温动物的标准代谢量是变温动物的 29.3 倍。29.3 这个值与体型无关，是定值。恒温动物什么也不干，消耗的能量就是变温动物的近 30 倍，这是必须记住的重要事实。

表 3-2　恒温动物和变温动物标准代谢量比较

恒温动物	$4.1W^{0.751}$
变温动物	$0.14W^{0.751}$
单细胞生物	$0.018W^{0.751}$

E_s（恒温动物）÷ E_s（变温动物）= $4.1W^{0.751}$ ÷ $0.14W^{0.751}$=29.3

※ 标准代谢量（E_s）的单位是瓦特，体重（W）的单位是千克。

维持生命这个复杂的构造需要能量。能量消耗相差近 30 倍，说明恒温动物和变温动物是性质完全不同的生物。

我们也许可以单纯地认为，因为体温不同，能量消耗量也不同。比如体温上升 10 摄氏度，代谢量就增加 2.5 倍。这是在恒温动物的体温为 39 摄氏度，变温动物的体温为 20 摄氏度的情况下进行计算的。而计算一下变温动物的体温为 30 摄氏度时的代谢量，则是 20 摄氏度时的 5.7 倍。由此可见，在同样体温下进行比较时，恒温动物比变温动物多消耗 5 倍以上的能量，所以恒温动物和变温动物的差异不仅仅是体温不同。

图 3-2 中有一条更偏下的斜线，表示的是单细胞生物的标准代谢量。在表 3-2 中，我们看到，单细胞生物的标准代谢量也与体重的 0.751 次方成正比。单细胞生物是指只有一个细胞的生物，如果不通过显微镜就无法看见。这样的生物竟然和恒温动物、变温动物代谢值的规律相同。

但单细胞生物的系数为 0.018，与多细胞生物相比要小得多。也就是说，即使某种巨型单细胞生物重达 1 千克，其耗氧量也只有变温动物的 1/8，恒温动物的 1/230。

从单细胞生物到多细胞生物，从变温动物到恒温动物，是进化过程中很大的一步。每进化一步，标准代谢量大约增加 10 倍。从能量消耗上，就可以推测出这些阶段性发展给生物带来了质的变化。

但是，图 3-2 中三条斜线的斜率却一样。尽管进化过程中有各种各样的巨大变化，但不管是恒温动物还是变温动物，多细胞生物还是单细胞生物，脊椎动物还是无脊椎动物，标准代谢量都与体重的 3/4 次方成正比。因此，这个 3/4 次方法则揭示了生命体的基本原理。

到现在为止，我们谈的都是安静状态下动物能量的消耗量，那么在运动情况下又如何呢？

测量一下动物一天内在进食、活动、睡觉时的能量消耗量，并试着换算成单位时间的平均值，就会发现，能量消耗因动物种类及测定状态不同而不同。一般来说是标准代谢量的 1.3～3.0 倍。平均消耗相当于 2 倍标准代谢的能量。动物活动时的能量消耗量与标准代谢量成正比，意味着其仍与体重的 3/4 次方成比例。

那么动物在不停运动时的最大耗氧量是怎样的呢？它也与标准代谢量成正比，几乎是标准代谢量的 10 倍。耗氧量无论在何种情况下都与标准代谢量成正比，或者说与体重的3/4次方成正比。

在本章中，我介绍了能量消耗量与体重的3/4次方成正比，但这样一个广泛适用于任何动物的法则，在整个生物学上几乎没有任何记录。这是因为这一规则并没有得到可靠的证明。虽然我认为它非常重要，但不能证明就不是科学，所以无法写入教科书来告诉大众。

人的能量消耗

我们看一下人的标准代谢量。在体重和标准代谢量的关系公式中，代入体重 W=60 千克，就能预测日本成年男子的标准代谢量约为 88.8 瓦特。而实测值大约是 68 瓦特，和预测值最多差三成。也就是说，从标准代谢量看的话，人这类生物的值也在"老鼠-大象斜线"上（详见第 24 页），是"标准"的恒温动物。

在日本农林水产省公布的"食物需求量"中，每个日本人摄取的营养量平均是 127 瓦特（1985 年）。即是说，每个日本人消耗的食物相当于标准代谢量（68 瓦特）的 1.87 倍。在这项统计中，小孩也作为个体纳入计算，所以这一数字可以看成日本人大约消耗的食物相当于标准代谢量的2倍。对于食物的消耗量，人和其他动物没有特殊的区别。

再看一下其他统计数据。1986年，日本需要的石油、煤炭等一次性能源是5129亿瓦特。日本全国有1亿2千万人口，平均每个国民消耗能量4274瓦特，是标准代谢量的63倍。

从单细胞生物到多细胞生物，从变温动物到恒温动物，进化史上每一次发生重大变化时，能量消耗量就增加近10倍。有人认为，如此巨大的变化是伴随着生命的质的变化而发生的，但现代人的能量消耗量比其他恒温动物大得多，是不是意味着现代人和其他动物有质的区别？

日本人一次性能源消耗量是4274瓦特，再加上食物消耗量127瓦特，一共约为4400瓦特，这就是日本人均能量消耗量。因为标准代谢值相当于平均能量消耗值的一半，也可以说现代日本人的"标准代谢量"为2200瓦特。在"老鼠－大象斜线"上寻找标准代谢量2200瓦特的动物，其体重应该是4.3吨，相当于大象的体型。由此可见，从能量消耗上看的话，现代人简直是巨型生物。

第四章
动物的体型和栖息密度

体型大的动物，只会捕食体型和自己成一定比例的动物；在同样大的范围内生活的同一种动物的数量是一定的；不同的动物，它们日常活动的范围一般是固定的……本章会告诉你很多有趣的知识。

体型大，食量就大吗？

让我们看看动物吃多少食物。食物千差万别，有营养丰富的，也有水分充沛、矿物质含量丰富的。如果食物营养价值低，动物需要吃的量自然就会增多。为了方便比较，我们用食物的能量来代表摄食量，再来看一下体型和摄食量的关系。前一章已经计算过动物的能量消耗量，至少这部分能量是以食物的形式进入体内的。

摄食量以摄食率，即单位时间摄入多少能量来表示（单位是瓦特）。图 4-1 中以动物的摄食率为纵轴，体重为横轴，将二者的关系描绘出来。恒温动物的摄食率基本分布在一条斜线的附近，变温动物的也基本分布在一条斜线周围（这里的变温动物主要指陆栖四足脊椎动物）。用公式来表示这些直线，就会发现摄食量（摄食率）与体重的 0.7～0.8 次方成正比。这也和标准代谢量类似，基本和体重的 3/4 次方成正比。

试着以摄食率为基准计算动物摄入的能量。用标准代谢量的公式除以摄食率的公式，可以得出恒温动物大约摄入相当于标准代谢量2.6倍的能量，变温动物大约摄入相当于标准代谢量5~6倍的能量。粗略地说,动物大约摄入相当于标准代谢量2~6倍的能量。

摄食率与体重的0.7~0.8次方成正比。意味着食量增加的幅度比体重增加的幅度小得多。我养过老鼠，虽然它体型小，但吃得很多。体重200克左右的老鼠，4天就可以吃下和自己同

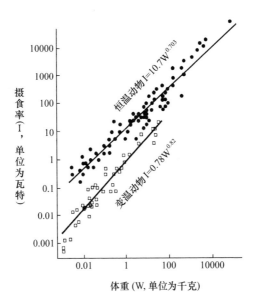

恒温动物$I=10.7W^{0.703}$

变温动物$I=0.78W^{0.82}$

摄食率（I，单位为瓦特）

体重(W,单位为千克)

图4-1 体重和摄食量（摄食率）的关系

（法洛以1976年的数据为基础绘制）

样重量的食物。

我们可以看看饲养牲畜的手册，比较一下牛的情况：体重450千克的公牛一天只需要12.3千克的饲料，也就是说，牛要吃完相当于自身体重的食物，得花一个多月的时间。

捕食者与猎物的体型

在《伊索寓言》里，狮子想抓老鼠吃，而现实中不可能发生这样的事。大型动物只会捕食与它体型相符的猎物。

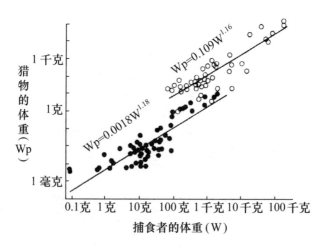

图 4-2　捕食者和猎物体重的关系
（彼得斯以 1983 年的数据为基础绘制）

有人针对陆栖脊椎动物进行了调查，得出了捕食者的体重和捕食对象的体重的关系。在图4-2中，白色圆点代表猎物体型较大的情况，黑色圆点代表猎物体型较小的情况。从图中可以看出，大型动物的猎物一般体型较大。因为小动物抓不住大动物是自然的，但大动物抓小动物却很容易。

这是因为寻找猎物耗费的能量和从猎物那儿得到的能量之间需要平衡。陆地捕食者都是一只一只地寻找猎物。不论猎物的大小如何，捕到一只猎物花费的工夫都差不多。捕获小猎物也要花费相应的工夫，但只能获取少量的能量，所以在花费同样能量的前提下，必然要选择能量多的猎物才能养活自己。

大海中捕食者的情况就不同了。巨大的鲸和鲨鱼也吃与其体格完全不符的浮游生物，因为它只要简单地张开嘴，就能轻而易举地把大量小浮游生物吞下肚，使自己存活下去。

从图4-2中的各条斜线，可以求得捕食者和猎物的体重的关系公式。

我们发现，猎物的大小和捕食者的大小基本成正比，大型动物捕食约为自己体重1/10的动物，小型动物吃约为自己体重1/500的动物。

把猎物区分为"大猎物"和"小猎物"，是因为食用这两种猎物的方法不同。小猎物是一口吞下去，大猎物是撕开吃。能一口吞食的食物必须要小于或等于体重的1/500才行。而如果是撕开吃的话，再大的动物也能吃下去。

另外，因为在吃之前必须打倒对方，而动物不管牙齿和爪子多锐利，也很难对付比自己体型大的猎物。根据在非洲热带大草原的观察，即使是狮子，当面对比自己大 3 倍的食草动物时，也不会轻易出击。

猎物的大小和捕食者自身的体重成正比，随着自身体重的增加，猎物也会越来越大。一般来说，动物每天平均的摄食量基本与体重的 3/4 次方成正比，所以摄入食物总量的增长速度没有体重增加那么快。我们猜想大型动物吃了食物后，可以在很长一段时间内什么也不吃，因此进食的时间间隔就会变长。

我们可以通过摄食率和猎物的大小来计算动物一天需要捕获几头猎物（捕食率）。捕食率（K）和体重（W）的关系如下：

$$K=3.0W^{-0.47}（捕食大猎物的恒温动物）$$
$$K=137W^{-0.49}（捕食小猎物的恒温动物）$$

无论哪种动物，捕食率都几乎与体重的 -1/2 次方成正比，并随着动物体型的增大急速变小。比较一下两个公式的系数可以发现，捕食一口可以吞下的小猎物的动物，要比吃跟自己体型差不多的大猎物的动物多捕食近 40 倍的食物。吃小猎物的动物必须加大捕食频率。

来看具体数值，蓝翅黄森莺这类体重只有 10 克左右的美丽小鸟，会在树木间连续不断地捕食虫子。它是以怎样的频率捕捉虫子的呢？经过计算，它每天要捕食 1300 只虫子。若把它的活动时间定为 12 个小时，那么它必须每 20 几秒捉一只虫子。相比之下，体重 100 千克的美洲豹每三天只需捕一次猎物就可以了。

像狮子、老虎这样的大型肉食动物捕食的猎物体型也很大，一只就能满足一天的营养需求，往往还有富余。因为猎物无法一次全部吃完，所以就出现了争夺大型肉食动物剩食的秃鹰和鬣狗。这样一来，好不容易捕获的猎物就浪费了，这是大型肉食动物不希望看到的。所以在狮子中出现了集体狩猎然后分食的社会行为。社会行为的进化和动物体型之间有很密切的关系，这一点将在后面详细说明。

食用牛是很奢侈的——成长效率的问题

食物摄入体内以后，能吸收的被吸收，不能吸收的被排泄出来。吸收的能量一部分用于维持生命，主要是呼吸燃烧，剩下的能量用来构成肌体组织等有形的东西，表现为动物的成长，也包括繁殖下一代的过程，我们认为生殖也是成长的一部分。

那么，所有的能量中，有多少用于成长呢？如果把动物看作组织的生产机器，摄入的能量越多，组织成长越快，那么这台机器的效率越高。

表4-1揭示了摄入能量（摄食量）、组织增加（成长量），以及通过呼吸燃烧的能量平均值（呼吸量）和体重的关系。全部都换算成了单位时间内的能量值。可以看出，不管恒温动物还是变温动物，各种能量的消耗基本都与体重的 3/4 次方成正比。

表4-1　摄食量、成长量、呼吸量和体重的关系

	恒温动物	变温动物
摄食量	$10.7W^{0.70}$	$0.78W^{0.82}$
成长量	$0.20W^{0.73}$	$0.16W^{0.70}$
呼吸量	$8.2W^{0.75}$	$0.38W^{0.76}$

※ 能量的单位为瓦特，体重（W）的单位为千克。

我们尽量简化它们之间的复杂关系。用成长量和呼吸量除以摄食量，计算摄入的能量有百分之几用于成长和呼吸，得到的结果就和体重无关。

成长量 / 摄食量表示摄入能量中有多少变为组织。得出结果，恒温动物只有 2% 的能量变为了身体的一部分（见表 4-2）。呼吸量 / 摄食量表示摄入能量中有多少用于维持生命活动，恒温动物是 77%。剩余部分没有使用，以粪便的形式被排泄出去，占

摄取能量的 21%。除去被排泄掉的部分，可以看到只有 2.5% 的能量用于成长，97.5% 的能量都用于维持生命。

表 4-2　食物的全部能量中用于成长、通过呼吸燃烧，
以及作为粪便被排泄的比例

	恒温动物	变温动物
成长	2%	21%
呼吸	77%	49%
粪便	21%	30%

另一方面，变温动物的成长量 / 摄食量的值是 21%，与恒温动物相比，摄食量几乎多产生了 10 倍的组织。

可见，如果把动物作为组织生产机器来看，恒温动物的效率相当低，它几乎燃烧了全部的能量，没有剩余。

马克斯·克莱伯确立了代谢量与体重的 3/4 次方成正比这一法则，他进行了以下的计算。

假若有 10 吨干草，不管是让两头 500 千克重的公牛吃，还是让 500 只 2 千克的兔子吃，结果都是一样的。

如果让重 1 吨的恒温动物吃的话，能长 200 千克新肉，排出 6 吨像山一样高的粪便。不过就像前面所讲的，动物的进食时间会因体型不同而有所区别。兔子用 3 个月就可以吃完这些干草，而牛需要 14 个月。时间与体重的 1/4 次方成正比。

那么，如果是蝗虫的话又会怎样。让 100 万只体重 1 克的

蝗虫（总体重1吨）吃的话，9个月能吃完干草，并能产生200万只（重2吨）新蝗虫和6吨粪便。

如果想快点长肉，就养小动物。如果想以少量的食物让动物长出大量的肉，就养变温动物，可以得到10倍于恒温动物的肉量。而养牛不管是从时间上看，还是从能量利用率上看，都非常奢侈。

动物的栖息密度

小鱼总是成群结队地游，蚂蚁总是一起出动。与此相对，大动物往往单独行动。我们总感觉小动物数量多，大动物数量少。调查动物的"人口密度"（其实应称为群体密度或栖息密度）和体重的关系，会发现它与体重成反比。

表4-3揭示了动物体重和栖息密度、活动范围的关系。在第一个公式中代入 W=1 和 W=0.001，就会算出在1平方千米的区域内1千克重的动物一般只有32只。而1克重的动物却会有28000只。这个公式计算的是动物的平均数据，各个群体还有各自的数据。那么栖息密度和体重的关系如何呢？

不同的动物间存在很大的差别，但基本上是体重的 -0.5～-1 次方，即体重增加，密度下降。将温带的哺乳类动物分为草食动物和肉食动物进行比较的话，会发现草食动物比肉食动物多得多。同样是体重 1 千克的动物，草食动物每平方千米有 214 只，肉食动物只有 13 只，前者是后者的 16 倍。

表 4-3　动物栖息密度和活动范围的大小

	栖息密度（只 / 平方千米）	活动范围（平方千米）
所有动物	$32W^{-0.98}$	
哺乳类	$55W^{-0.90}$	$0.154W^{1.06}$
草食哺乳类	$214W^{-0.61}$	$0.032W^{1.00}$
肉食哺乳类	$13W^{-0.94}$	$1.39W^{1.37}$

栖息密度 × 活动范围 = 活动范围内的动物数量

$214W^{-0.61} × 0.032W^{1.00} = 6.85W^{0.39}$（草食哺乳类）

$55W^{-0.90} × 0.154W^{1.06} = 8.47W^{0.16}$（哺乳类）

※ 体重（W）的单位是千克。

因为大型捕食者要吃约为自己体重 1/10 的食物（请参见 43 页），用对应的体型进行比较的话，会发现草食动物的数量是肉食动物的 67 倍。被捕食的动物数量较多也是理所当然的吧。

热带和温带的动物栖息密度是不同的。一般来说，热带栖息密度低。我们觉得在热带动物的数量好像更多，其实那只是因为动物的种类比较丰富，其实同种类的并不多。

动物种类的多少也和动物的体型有关，大型动物的种类较少。关于这一点没有具体数据，不过有报告指出，对于体重在

0.1～1 千克之间的动物，种类和体重的 -0.2 次方成正比。

从表 4-3 中可看出哺乳动物的栖息密度和体重的关系。在公式里代入 W=60 千克，就能求出与人体体重相似的动物的密度是每平方千米 1.4 只。1985 年日本的人口密度是每平方千米 320 人，相当于公式计算结果的 230 倍。世界人口密度是每平方千米 36 人，即便是这样，也是公式计算结果的 26 倍。反过来，栖息密度和日本人口密度差不多的动物有多大呢——体重只有 14 克。

以前，有外国人评价日本人的住所是兔子窝，我想很多人听了心里都不舒服，而通过以上计算可以知道那还是褒奖，现在日本人是在连兔子窝都不如的老鼠窝中生活。

动物活动范围的大小

定居性动物经常活动的区域称为活动范围。体型越大的动物活动范围越大，但它的范围基本也和体重成正比。活动范围的面积，依据动物的食性不同有很大的变化，肉食动物的活动范围比草食动物大 10 倍以上。

用活动范围的面积乘以栖息密度，就能推算出活动范围内住着几只同类动物。表 4-3 也给出了计算草食哺乳类动物活动范围的公式。使用这个公式计算出，体重为 1 千克的动物，其活动范围内有 7 只同类。这个数量和体重的 0.39 次方成正比；若体重为 100 千克的话，活动范围内有 41 只同类的动物；反过来，若体重是 10 克的话，活动范围中就只有它自己。

体型大的动物经常会在活动范围中遇见自己的同类。若每次见面都产生摩擦，就会浪费能量；若能共同养育孩子，生存的几率则会变高。就哺乳类动物来看，体型越大，社会活动的能力就越发达。体型越大生命越长，年轻者从年老者那里学习如何生存的机会就会增多，这有利于社会性的发展。

表 4-3 中还给出了计算哺乳类动物活动范围大小的公式。利用这个公式可计算出和人体型相当的动物的活动范围，在 W=60 千克的时候，活动范围的面积约为 12 平方千米，大约是半径 2 千米的圆那么大。2 千米的话，走路约需 30 分钟，是很适合上下班的距离，对健康也好。

顺便说一下，在日本，从立川到丸之内的中央线快速列车运行的距离是 37.5 千米。若以此作为活动范围的直径，上班族的活动范围约为 1104 平方千米，这是与人体型相似的动物的活动范围的 93 倍。相反，用公式求出在 1104 平方千米活动范围中生活的动物的体重则有 4.3 吨。

接下来，我们试着计算一下与人体型相似的动物，在自己的活动范围中有几个同类？在公式中代入 W=60 千克，得到的结果是 16.3 个。

活动范围的大小是由什么决定的呢？应该是食物。动物捕食时一般是吃饱了才回来。用胃的容量除以一天的摄食量，就可以知道动物一天需要出去捕食几次。可以用体重的函数来表示动物在活动范围内转一圈的距离，即用距离乘以找食物的次数。其实这个距离就等于一天走的全部距离。这意味着，哺乳类动物除了吃以外不去其他地方闲逛，这是它们的基本生活态度。另外，活动范围的大小也和动物找到食物的几率有关。

活动范围的大小，可以利用给动物安装的追踪器测到的数据计算得到，而胃的容量可以通过解剖得到数据。虽然我们无法询问从洞里出来的动物"你是去捕食呢，还是有其他事情"，但只要把各项数值换算成和体型有关的函数，用体重的指数公式来表示，即使不能直接测出数据，也可通过已测定的数值推导出来。

若动物的体型发生了变化，那么身体各个部位的大小将怎样变化呢？记述这种变化时，可以将相应的部位用动物体重的指数函数表示出来，这种变化称为异速生长，这种指数公式则被称为异速生长公式。

本书中用"体重的 n 次方"这种形式来表示代谢量和成长量等，是典型的异速生长概念。利用异速生长公式，我们能明白之前没弄明白的问题，并推导出无法直接测定的数据。

动物一生有多少次心跳次数，这种问题大概谁也不会真的去测量吧。测量大象的心跳数，就要用到异速生长公式。通过计算寿命的异速生长公式和计算心跳间隔的异速生长公式，就能推导出动物一生的心跳数。这一数据与动物体型大小没有关系。由此可见，异速生长公式是非常方便且普遍使用的工具。

第五章
动物的体型和行动方式

爬行、奔跑、飞行、游泳……动物的行动方式各种各样，那么各种行动方式对体型有什么要求呢？哪种行动方式消耗能量最少，最经济？看完本章你就会明白，动物们都选择了最适合它们的行动方式。

动物的体型和速度

　　动物最能体现自身特点的是其行动方式。奔跑、飞行、游泳和体型又有怎样的关系呢?

　　我们觉得,体型越大的动物,行动速度越快。与蚂蚁相比,老鼠更快;与老鼠相比,猫更快;与猫相比,狗跑得更快。看一下陆地动物行动速度的最高纪录,会发现随着体型增大,速度越来越快。不论飞行还是游泳都是一样。不管是捕食还是逃避捕食者,速度快都是有好处的。这是毫无疑问的优点。

　　但是不是随着体型加大,速度也会无限地变大呢? 当然不是这么简单。

　　陆地上奔跑速度最快的动物是猎豹,可以达到每小时 110 千米。猎豹的体重大约是 55 千克,但即使体重增加,动物的速度也基本不再增加。相反,如果体重超过 100 千克,奔跑速度反而会变慢。体型接近最大限度时,速度会变慢,这一点对于游动的动物也一样。金枪鱼（体重约80千克）每小时可以游100千米，但鲸鱼却游得很慢。像大象和鲸鱼那么大的体型，大概是因为不用担心被捕食者追杀，才慢悠悠地进食。

奔跑的速度和步幅成正比。我们试一下就会明白，快走时比慢走时的步幅大，而奔跑时的步幅更大。

当然步幅又和腿的长度成比例，所以腿越长的动物跑得越快。不过，这也是有限度的。

走和跑相比，不仅步幅会改变，腿的活动方式也不同。比如，马慢走时一定是两只以上的脚同时着地，飞奔时着地的脚会变少，每只脚着地的时间也会变短。飞奔时得不停地重复以下动作：上一个瞬间身体还悬在空中，下一个瞬间便一只脚着地……体型庞大会对脚造成很大的冲击，单脚无法完全支撑身体。因此，像大象这样体型巨大的动物基本不会飞奔。

而且巨大的身躯会给骨骼造成很大压力，限制其行动，所以到达一定体重后，动物的行动速度就会降下来（关于骨骼的强度和韧性，将在第九章进行深入探讨）。

另外，动物们平时并不是以最高速度运动的。据说哺乳动物平时走路的速度只是最快速度的3%。而不同动物平时运动的速度，也是随着体重的增加而增加的，如图5-1所示。

体型越大的动物，活动范围就越大。有趣的是，哺乳动物和昆虫行走的速度几乎都是其最快速度的3%。而鱼在平时是以最慢的速度游，也就是以最不消耗能量的速度游，这个速度和陆地上动物行走的速度几乎一样。

体重相同的情况下，速度最快的是鸟，比陆上行走的动物快约 40 倍。

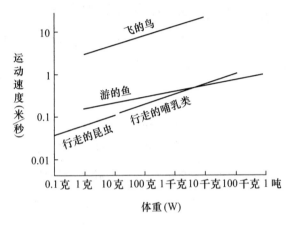

图 5-1　速度和体重的关系
（彼得斯以 1983 年的数据为基础绘制）

跑的成本

跑或飞需要的能量与体型有关。体型大，相应的体重就大，移动身体当然需要更多的能量。不过，移动身体所需要的能量并不是单纯地与体重成正比。

为了弄清楚动物行走时究竟使用了多少能量，人们调查了各种各样的哺乳动物和鸟类。研究人员给动物戴上能完全覆盖住鼻子和嘴的口罩，让它们在跑步测能器上跑。你可以把跑步测能器看成传送带。为了不从传送带上掉下来，动物们就要用和传送带相同的速度跑。通过连接在口罩上的分析器可以记录下动物消耗了多少氧气，计算结果显示，动物吸入1升氧气，就会消耗20.1千焦的能量。

当然动物们一开始并不喜欢在跑步测能器上跑，都很害怕，一动不动。即使习惯后开始跑，大概因为紧张，耗氧量异常的高。为了让动物们习惯，工作人员要花费几周甚至几个月的时间。

把训练好的动物放在跑步测能器上，改变传送带的速度，试着测量在各种速度下动物的能量消耗量，会发现能量消耗量和速度成正比。通过图5-2中几条直线的斜率，就可以计算出把1千克重的东西运送1千米得花多少能量，这就是搬运耗能。

图5-2显示了动物体重和搬运耗能的关系，可以得到一条与体重的-0.3次方成正比、向右下方倾斜的直线。它表示体重越大，动物的搬运耗能越小，这不管是对于用四只脚跑的动物还是对用两只脚走的鸟都适用。而且，蜥蜴和蚂蚁的数值也在这条直线上。

蜥蜴奔跑会立起后肢，而一般的四足动物都是同时甩开四肢跑，它们的奔跑方式是不同的。

可想而知，立起后肢跑和同时甩开四肢跑，姿势是完全不

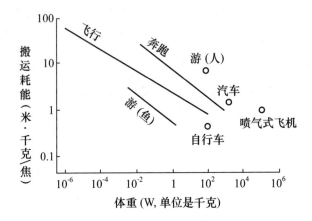

图 5-2　动物体重和搬运耗能的关系
（福尔格以 1988 年的数据为基础绘制）

同的，却都符合异速生长公式。另外，有研究指出，猩猩既可以用两只脚走，也可同时用两只手和两只脚走，但不管哪种方式，搬运耗能没有区别。关于为什么动物用不同的方式跑时的搬运耗能都一样，有各种说法，但没有定论。

飞和游的成本

杜克大学的巴恩斯·塔克和施密特－尼尔森测量过鸟飞行时的能量消耗量，我在他们的实验室工作过一段时间。

60

杜克大学有一栋被称为"流星大厦"的建筑物，楼内有一个风洞，风洞的中央是玻璃结构的实验箱，其中有鸟儿在飞。虽说是"箱"，却足够容纳一个成人。巨大的鼓风机发出可怕的声音，向实验箱中送入固定速率的风，鸟逆风而飞。如果鸟儿在飞，却停留在同一个地方，说明它是在以与风速相同的速度飞。给鸟戴上口罩，就能测定它的耗氧量。

我在实验室的时候，塔克的学生卡尔告诉我："住在这里的鹰还不习惯，需要每天让它飞 10 分钟左右来习惯。"他戴上安全镜（为了保护眼睛）和皮革手套，抓着鹰进入实验箱，然后放开鹰让它飞，如果飞得好，就给它吃解冻的肉，如此进行训练。

实验的结果是：飞行速度和耗氧量的关系，与奔跑速度和耗氧量的关系完全不一样。奔跑时耗氧量和速度成正比，在图中显示的是一条直线，而飞行时却是一条向下凹的曲线，说明到达某一速度时，耗氧量最小。

而测量鱼的耗氧量和速度的关系，可以知道随着速度增加，耗氧量也急速增加。在这一曲线上画出切线，就能求得搬运耗能最低的游速。

以动物的搬运耗能为基础，可以制作出体重和搬运耗能之间的异速生长公式。图 5-2 比较了跑、游、飞三种行动方式下的搬运耗能，根据这一结果，施密特 - 尼尔森发现了以下特点。

不管是哪种行动方式，在图中都呈现出向右下方倾斜的直线。也就是说，体型越大，搬运耗能越低。令人吃惊的是，与在地上奔跑相比，在空中飞的耗能成本更低。飞行的确需要大量的能量，但因为飞的速度很快，相同距离下，飞行要经济得多。候鸟不吃不喝能飞几千公里的秘密就在于这种经济性。把表示飞行的直线向左延长，基本就能得到飞行昆虫的数据。

游泳的耗能成本与飞行和奔跑相比要小得多。这是因为水有浮力，可以抵消重力。而鸟为了对抗重力，必须不断给身体向上的力。陆地上奔跑的动物也必须让身体的重心保持在离地面一定距离的位置。奔跑时重心上下移动，动物就要做功来对抗重力。重力对关节也产生压力，移动关节所需的能量同样不可忽视。

同样是游，像青蛙和人那样在水面游的耗能成本要高得多，比行走的耗能成本还要高。因为浮上水面时，对付波浪会消耗大量的能量。正因为潜泳能游得既轻松又快，所以奥运会才禁止潜泳。

接下来，我们来比较交通工具。在图 5-2 中，表示汽车和飞机的点比动物的直线的位置要靠右得多。也就是说，搬运耗能比动物高得多。同样是交通工具，自行车的搬运耗能与动物奔跑的相比就小得多了。

这次我们站在另一个角度来看看搬运耗能。虽然单位质量的搬运耗能是随着体型变小而变小的，但动物是作为整体在运动，并不是每千克组织单独在奔跑或飞翔。

对于个体来说，行动到底有多么耗能？耗能程度又是怎样随着体型发生变化的呢？我们只要用动物不运动时的能量消耗量（也就是标准代谢量）除以动物运动时的能量消耗量，便能看清这一点。

用表示体重和代谢量关系的异速生长公式，求出各种运动的能量消耗，再除以标准代谢量，就得出新的异速生长公式。

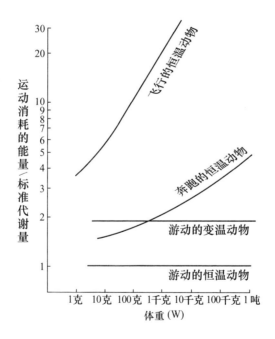

图 5-3　不同动物运动时要使用标准代谢量几倍的能量
（彼得斯以 1983 年的数据为基础绘制）

看看图 5-3，就会明白飞翔是件很辛苦的事，要比不飞时多使用 4~10 倍的能量。

另外，大概因为挥动翅膀飞行耗能太大，老鹰和信天翁都不怎么挥动翅膀，而是利用上升气流盘旋滑翔，从而节约能量。滑翔的能量消耗量仅是标准代谢量的 2 倍。

动物在奔跑时能量消耗量达到标准代谢量的 2~3 倍。从图中可以看出，曲线是向右上倾斜的，表示体型变大，能量消耗量就会以倍率的方式增加。像狮子那样的大型动物不管什么时候看起来都懒洋洋的，大概是因为运动幅度越大、消耗能量越多的缘故吧。

鱼游动时耗费的能量和体型大小没有关系，都和标准代谢量相等。

令人吃惊的是，生活在水中的哺乳动物，游动时的能量消耗量只比标准代谢量增加 2%。游泳本身不怎么消耗能量，而且哺乳动物的标准代谢量与鱼相比要大得多，游泳的耗能成本占比小，基本可以忽略。

因此，对于这些动物来说，游还是不游，能量的消耗差别不大。

以前观察海狮和海豚时，我不明白它们怎么能在水中轻快地转个不停，觉得不可思议。会这样想，是因为人类的运动总是带着一定目的。人也属于陆地上的大型动物，不管是跑还是走都需要消耗相当多的能量。没有目的，人大概不会动吧。

如果运动不花成本，人们可能就会漫无目的地四处转悠，也会更加贪婪。看到天真烂漫的海豚，我渐渐明白它们为什么如此招人喜爱了。

第六章
为什么动物不用轮子

对于人来说，"轮子"非常方便，人类发明了利用轮子的摩托车、汽车、飞机等，大大提高了行动速度，那为什么自然界没有使用轮子的动物？本章从生活环境、建造难度和与使用者的性质是否符合三个方面告诉你，原来轮子真的不适合动物们。

轮子和体型的关系

　　杜克大学坐落在北卡罗来那州的达勒姆。那是一个盛产烟草、悠闲宁静的偏僻村落，森林中零星地建着一些房屋，外出不能只靠步行。不管是买东西还是送孩子去学校，没有汽车就一筹莫展。

　　日本人虽然不像美国人那样依赖汽车，但也同样享受着车轮的恩惠，每天要开车出门或乘电车匆匆赶到工作单位。如果没有车，现代人的生活就无法运转。

　　但是我们却看不到周围有装着轮子的动物。在陆地上奔跑的动物中，有两条腿的，有四条腿的，也有六条腿的或八条腿的。抬头看看天空，有装着螺旋桨的飞机，却没有装着螺旋桨的鸟和昆虫。海里也没有像轮船那样装有推进装置的鱼。

　　动物界没有轮子。看看身边的工具，很多原理来源于动物的启发，但车轮是个例外。这是我在学生时代学到的知识，当时特别感慨，那已经是二十多年前的事了。

但之后我渐渐发现自然界也有"轮子"。用显微镜都很难看到的小细菌，就是通过像旋转轮子那样旋转鞭毛来游动的。

可是在肉眼能看到的动物里，为什么没有使用轮子的动物？它们不使用这么便利的工具，或许有自己的理由。我的朋友麦克·拉巴贝拉从动物体型的角度论述了这个问题。

首先从在陆地上活动的动物开始。大家对汽车的便利性大概没有异议吧，但它是用汽油的。先不管这一点，最让我切身体会到轮子的好处的应该是自行车。同样是用自己的脚，自行车飞奔起来却那么轻松，速度也那么快！在上学前，一小时十日元的租赁自行车非常吸引我。实际上，自行车是人类使用的陆上交通工具中效率最高的（参见图5-2），这一点汽车也望尘莫及。

一般来说，轮子之所以受欢迎，是因为效率高。双脚前后交替迈步的走路方式，必须等向前跨出的脚落下才能抬起另一只脚，得不断改变方向，这就需要能量。另外，摆动腿对抗重力，也要消耗能量。但若是旋转运动，不进行上下移动，也不需要两腿轮换，就不用消耗多余的能量。从耗能角度看，看似辛苦的轮椅实际上也比走路轻松得多。

但轮椅只适合走平稳的道路，如果路面凹凸不平就很麻烦，用轮椅肯定比双脚走路辛苦。我曾经把儿子放进儿童车里推着走，很清楚遇到路面不平时推着推车前进有多困难。

走平稳的道路当然轻松，但也肯定需要上台阶、走砂石路或泥泞的路，这时轮子就束手无策了。轮子在平坦的道路能发挥威力，但路面凹凸不平或泥泞时就几乎无法前进。

那么，道路凹凸不平到什么程度，轮子就不能用了呢？关于这个问题，有关轮子的资料解释得很详细。若障碍物高度小于或等于车轮直径的1/4，通过前后移动改变轮子的重心，还是可以克服的。但障碍物更高的话就难了，从理论上来说，要越过高于车轮直径1/2的障碍物是不可能的。自行车的车轮直径一般是61~66厘米，16厘米的凹凸是车轮能越过的最大的障碍。

说到地面的软硬情况，在柔软的毛毯上，轮子也很难前进。走路时，人的脚并不会一直与地面摩擦。抬起的脚悬在空中，着地的脚用力向后蹬。因此即使和地面的摩擦变大，走的效率也不会下降太多。但是轮子是持续和地面保持摩擦，地面太软的话，旋转的阻力就会变大。比如，车轮在泥泞的小路上转动时的阻力比在水泥路上转动时要大5~8倍，若是在砂石路上，则要大10~15倍。

接下来我们看看自然界中有没有这样的地形：没有砂石，草木繁茂但不柔软，即使下雨，路也不会泥泞。

用人类的眼睛来看，有些地形似乎十分平坦。但我们不能忽略，人是大型动物，从160厘米的高度看世界的动物并不多。止因为我们有这样的体型，才能使用直径60厘米以上的轮子，即便是面对 16 厘米的障碍物，也可以轻松越过。但老鼠要使用轮子的话，轮子的直径大概要变成 6 厘米左右，那样它连 1.6 厘米高的枯枝或小石头都越不过。而蚂蚁只能使用直径 4 毫米的车轮，遇到 1 毫米的砂粒或落叶恐怕都过不去。

地面上大的障碍物比较少，小的障碍物很多，虽然用人的眼睛看，地面似乎很平坦，但实际上到处都坑坑洼洼。而且动物体型越小，地面对于它们而言越起伏不平，使用轮子也就更难。

即使是体型大的动物，也不能随心所欲地使用轮子。比如不能用轮子来攀登。轮子和地面没有摩擦力就不能自由移动，自然就不能攀登垂直的岩壁，而人可以用手脚抓紧、蹬住岩壁来攀登。轮子也不能跳跃，比如轮椅就越不过宽 20 厘米的沟，而野生绵羊则可以越过宽 14 米的沟。

轮子一个很大的缺点就是不能在很小的区域内灵活转动。首先，它很难改变方向。自行车车轮要旋转 180 度，大概需要边长 150 厘米的四方形空间。另外，为了使两辆车并行而过，怎么也需要两辆车宽的道路。但人擦肩而过时，双方可以侧一下身，不需要那么大的空间。

不能灵活转弯的话，车轮在树和岩石等障碍物多的地方就会进退维谷。如果两只"轮子动物"在狭窄的道路上相遇，它们既不能擦肩而过，又不能迂回移动时，就会进退两难。

可见，所谓车轮，是在像人类这样的巨大生物削山填沟、铺设了平坦笔直的道路之后才能发挥作用。

罗马帝国兴盛时，人们为了使用马车到处修建道路。但是帝国灭亡后，道路没人整修，而且有骆驼和驴子等驮着行李行走，道路损毁，马车就无法再行驶了。

笔直而坚硬的马路和没有台阶的宽阔街道适合车辆行驶，但这样的路在第二次世界大战前很难看到。

我长期住在冲绳，每次去那些孤立的小岛，总发觉岛屿在不停地变化。铺着砂石、落有树影的美丽街道，在下次拜访时变成了宽阔的水泥路，正午时分就像炽热的铁板一样，根本不能行走。问及当地人，说是因为要在岛上建设公共项目，因此修建水泥路，并用水泥加固沙滩海岸。

一项技术是否有用可以从下面三点进行评价：第一，它是否丰富了使用者的生活；第二，是否符合使用者的习惯；第三，是否和使用者的环境相适应。

产业革命促使技术大大发展，丰富了我们的生活。机械变成了我们强大的肌肉，使我们轻松地拥有更大的力量。望远镜和显微镜拓展了我们的视力，使我们能看见遥远和微小的东西。计算机增强了我们的脑力，使我们能进行复杂的计算，处理大量的信息。

毫无疑问，技术丰富了我们的生活。但是现在需要重新考虑一下，仅仅从丰富使用者的生活这一点来评价技术的时代已经过去。从以往的标准来看，汽车是十分优秀的机械，但从它是否符合人的习惯以及是否和人的生活环境相适应来看，它还不够成熟。

从符合人的习惯的角度看，工具如果能使手、脚、眼睛和头脑的功能得到拓展，是最好不过的，如果能和人体各部位的工作原理相似也很好。遗憾的是，机械和计算机的原理与人脑及肌肉完全不同，因此操作起来很困难。比如，大家必须都去驾驶学校学习开车，这就说明汽车技术还没有成熟。

要讨论得更多的是环境和汽车的问题。就像前面我们讲到的，道路不平，车就不能发挥作用，因而它不能快速适应使用者的环境，这也是说它不成熟的原因。

人类在征服自然的过程中，最伟大的发明就是机械。因此开山填沟、修建道路自然被认为是好事情，并未从中发现什么问题，而汽车是机械文明的象征。那些修建了阿皮亚古道和高速公路的人，肯定带着征服自然的想法。

鳍和螺旋桨的效率

下面把目光投向水中。水中为什么没有使用螺旋桨的动物？这似乎可以从能量效率的角度来解释。使用螺旋桨时，只有

60% 的能量成为推进力。而像鱼一样轻轻摆动尾巴的游法，推进率更高，体长 5 厘米的鱼大约 80% 的能量都能转化为推进力。鱼的体型越大，推进率越高，体长 50 厘米的鱼会达到 96%。这样的话就没有使用螺旋桨的必要了。

在陆地上，轮子的效率很高，而在水中，螺旋桨的效率却那么低，真奇怪。

同样是往复运动，走和游有很大的区别。行走时只有向后蹬才能有推进力，向前迈步的能量都浪费了。但是在水中不管向哪边摆鳍，都能形成推进力，因此二者的效率不一样。

在水中使用螺旋桨效率不高的最大原因是，如果旋转速度上升，螺旋的尖端会产生气泡。但在空气中就不会产生这样的问题，推进效率要好得多，大约在 80% 左右，和飞行的效率没有太大差别。

那么为什么动物不用螺旋桨飞呢？我们常常有这样的疑问。和陆地上不同，空中没有障碍物，应该可以使用螺旋桨啊。

实际上确实没有，理由之一是制作螺旋轴很难。螺旋轴需要扭转力以保持旋转。为了承受住扭力，必须使用坚固的材料，而动物是制作不出这样的材料的。那么，动物是为了避免扭得变形才不使用螺旋桨吗？

想想过去的人会使用圆木等材料制作车轴，因此生物制作车轴并不是不可能的事情。不过，若要用于飞行，材料必须要轻，所以能不能制作出既轻又坚韧的轴是另一个问题。由于能量效率低，螺旋桨式动物没有进化出来也是理所当然的。

在此我还想说明一下，工程师使用的材料和生物材料是不同的。刚才说过，在水中游动时，摆动鳍比用螺旋桨效率高得多，那为什么船上用的都是螺旋桨而不是鳍呢？

虽然也有人曾为了提高效率，以及注意到被卷进螺旋桨的危险性，着力开发摆动尾鳍前进的"鳍船"，但没有成功。原因在于做鳍的材料——铁板，铁板是硬的，即使让它轻轻摆动，效率也不高，无法和柔软的鱼鳍相比。

人类制造工具的材料有石头、陶瓷、青铜、铁等坚硬的东西。而动物的身体要柔软得多，鳍和羽毛的性能都非常好。

另外，对于生物界没有轮子和螺旋桨的现象，我想介绍一个很早以前提出的理由，轮子和螺旋桨是通过轴承供给能量，这需要花很大的功夫。也就是说，怎样才能不断地从外界向旋转的物体提供能量是一个很大的问题。

个别细菌可以解决这个问题。细菌旋转鞭毛游动，其原理就是细菌在体内和体外制造了氢离子的浓度差，氢离子会从浓度高的一侧移动到浓度低的一侧。这是利用扩散原理供给能量（请参照下一章）。不过要使用这种方法，动物的体型有一定限制。若体型大于这一限制，则必须利用别的方法。这或许也是体型大的动物没有轮子的一个原因。

第七章
使用纤毛和鞭毛游动的小生物

在自然界的水中，生活着很多使用纤毛和鞭毛游动的小生物。虽然肉眼看不见，但它们确实在游动。其中有些生物需要克服水分子的引力，游着去找食物；但也有些生物即使不游动，食物也会送到嘴边，而这与它们体型的大小有密切的关系。

纤毛和鞭毛

在水中游动的生物，从鲸到细菌，体型相差悬殊。蓝鲸是地球上最大的动物，有的体长会达到 25 米，体重会达到 150 吨。而细菌的直径是 0.2~5 微米，体重大约 100 亿分之一（10^{-10}）克，所以二者体长大约相差 1000 万（10^7）倍，体重相差 10^{18} 倍。

它们的体型相差这么多，游的方式不同也不足为奇。事实上，如图 7-1 所示，体型不同的动物，游动时获取能量的方式也不同。

大型动物利用肌肉收缩游动，身长 0.02~20 毫米之间的动物则用纤毛推动水游动。大家熟知的草履虫是全身覆盖有 5000 根纤毛的大型原生动物纤毛虫，但体长也只有 0.2 毫米。

再小点儿的动物则使用鞭毛，比如，大部分动物的精子就是使用一根像鳗鱼一样的鞭毛游动。更小的是细菌，它们旋转细菌鞭毛游动。

虽然也叫鞭毛，但细菌鞭毛是细菌（原核生物）身上特有的，

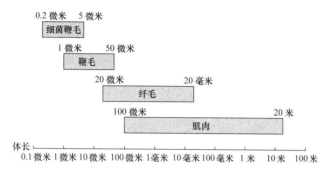

图 7-1　生物游动时发力结构的种类和体型的关系

和其他鞭毛（真核生物鞭毛）完全不同。

　　动物体型变化了，游动的方式也会发生变化。海洋动物在精子时期用鞭毛游动，幼儿期用纤毛游动，更大一点儿时用肌肉游动，这是常见的方式。人类其实也一样，出生后使用肌肉，可以进行自由泳、蝶泳等，而还是精子时，则挥动鞭毛游到母体的子宫内。在一生当中，随着生长发育，生物的游动方式也在改变，这样的变化肯定有它的理由。

　　由一个细胞构成的单细胞生物很小。它们为了游动，会从细胞里生长出一根鞭状物，摆动它在水中游动，这根毛称为鞭毛。

　　为了向前游，细胞必须摆动鞭毛，使波动从鞭毛根部向前传去。波浪左右方向传递的力相互抵消，因此细胞本身可以依靠向后推水的力量向前进。生殖细胞也是这样游的，如图 7-2 所示。

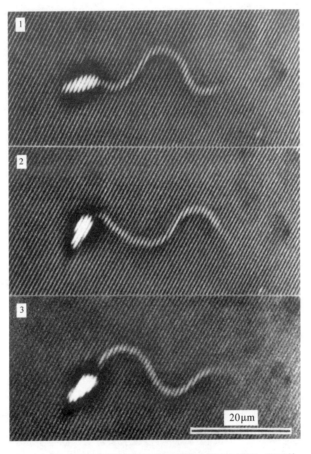

图 7-2 按 0.01 秒的间隔拍下的海胆精子的运动情况。鞭毛从头部（左端）伸展，像波浪一样起伏。（图片提供者：石岛纯夫）

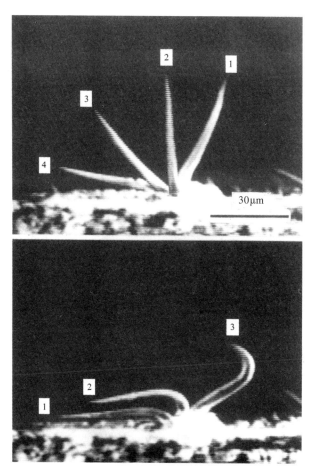

图 7-3 纤毛向前伸展（上图）和向后划水（下图）。这是用高速摄像机拍下的紫贻贝鳃中纤毛的运动图像。序号越小代表时间越早。上图中，纤毛伸长，以根部为中心回转划水（记录时间间隔为 0.1 秒）。下图中，纤毛一边弯曲一边返回鳃的表面（记录时间间隔为 0.025 秒）。（图片提供者：石岛纯夫）

细胞稍微大一点后，一根鞭毛的力量就不够了，要增加到两根、三根。数量增加后，就要重新考虑鞭毛的摆动方式。用一根桨可以推动船前进，但若有两根桨，就可以装在两侧左右开弓，船就会不断向前。事实上，细胞生长出很多鞭毛后，鞭毛就会像桨一样摆动，如图7-3所示，一开始向后划水，返回时弯曲到细胞表面再折返。就像人蛙泳时手的动作一样，反复进行向后划和向前伸两个动作。

鞭毛是指细胞上较长的（100微米左右）数量不等的毛，它可以像鞭子一样挥动。而细胞上较短（15微米左右）但数量很多的毛则称为纤毛。鞭毛和纤毛虽然名称不同，但构造基本相同。一般来说，船桨越长，船前进得越快，那纤毛为什么比鞭毛短那么多呢？

这是因为鞭毛和纤毛的软硬程度不同。像鞭子一样摆动时，质地可以柔软一些。而纤毛划水时必须先伸直，所以它必须达到受到水的阻力也不会弯曲的硬度。纤毛像一根细长的棍子，棍子的软硬度与其长度的3次方成正比，越长越容易弯曲（试着弯一下不同长度的棍子体验一下，就会明白这一点）。因此，纤毛太长的话会在水的阻力下弯曲，划水的效率就会大打折扣。所以直接击打水的纤毛肯定要比鞭毛短。

纤毛是桨，可以说只有一根的鞭毛就是橹了。都在划水，但数量不同，如果不改变运动方式，就无法前进。如果只有一根的鞭毛也像纤毛那样运动的话，细胞就只能原地打转。

与纤毛相比，鞭毛的效率更低。如果生物体型变大，需要更大的推进力，光增加鞭毛的数量还不够，它的运动方式也要改变。实际上，利用多根鞭毛游动的生物很少。体型相同、以纤毛游的生物绝对要快得多。鞭毛和纤毛的构造完全一样，为什么运动方式截然不同？这一点目前还不清楚。

试着测量一下用纤毛游动的生物的前进速度，基本上都是每秒1毫米左右，与体型大小没有关系。这一发现意义重大。因为不管是大型动物还是小型动物，游速一样意味着以体长为基准的相对速度会有很大差异，体型越大，相对速度就越小。比如体长是0.1毫米的生物，1秒能游相当于其体长10倍的距离，而体长变成10毫米的话，仅能游自己体长1/10的距离。对于生物来说，相对速度比绝对速度更重要。如图7-4所示，这是利用纤毛游动的生物（除扁虫和球栉水母）的相对速度。可以清楚地看到，体型越大，相对速度就越小。

在水中游动的生物，每秒大约能游相当于其体长10倍的距离，这一相对速度适用于大部分鱼类。在使用纤毛游动的生物里，四膜虫和双小核草履虫也是以这个相对速度游的。它们都属于体长0.1毫米左右的纤毛虫，却都是游泳高手。

以纤毛为运动器官的最大生物是体长2毫米的扁虫，它的速度是每秒游体长0.3倍的距离。这种扁虫与其体内的藻类共生，

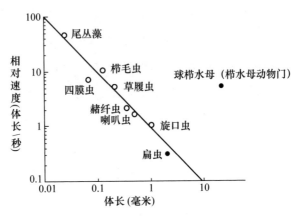

图7-4　使用纤毛游动的生物的相对速度
（史雷和布莱克以1977年的数据为基础绘制）

从藻类中汲取营养，不必为寻找食物而移动，所以游动速度如此缓慢也没有问题。这个例子可以说明，体长2毫米是以纤毛游动的生物体型的上限。

这是因为纤毛生长在细胞表面，是细胞的一部分。而细胞的大小是有上限的（请参见第十一章），那纤毛的长短有上限也是理所当然的。太粗太长的纤毛很难有力地划水，因此，栉水母动物进化出了粘着很多纤毛的栉毛带，依靠这种构造，体长10厘米的球栉水母，相对速度可达到10体长/秒。

纤毛的另一个不足之处是它只能生长于动物体表，体型增大，表面积/体积的比值就随之变小（参见30页）。体型小的生物使用纤毛是正常的，体型若变大，身体就要进化出能产生力量的组织，利用这些组织使身体运动。由于肌肉的能量和肌肉的体积成正比（参见 105 页），所以体型大的动物才会使用肌肉。

惯性世界与粘性世界

体长 1 毫米的生物和体长 1 毫米以上的生物，它们生活的世界有很大的不同，微观世界和宏观世界适用的物理法则是不一样的。宏观世界由牛顿力学支配，惯性是主角。在微观世界中惯性很难成为主角。惯性和质量成正比，而质量与体长的 3 次方成正比，因此体型小，质量就小，惯性也就变得非常小。在微观世界，分子间的引力取代惯性成为主角，因此这一环境中的物体都粘在一起。另外由热运动引起的分子运动也不能忽视。

小生物基本生活在水中。我们比较一下小生物和大动物游动时的情况吧。为了游动，生物必须推开周围的水，这与体型大小无关。水被推开后，局部区域的水压就会变高。因为水是从压力高的地方向压力低的地方流去，水就会发生运动，而动物要游动，就必须产生抵抗这种运动的力。这种力有两种，根据体型不同，哪种抵抗力更有效也不一样。

一般物体有保持其运动状态不变的倾向，称为惯性。因此想移动静止的物体，就要对它施加外力。惯性会抵抗外力，产生一个相反方向的力，这叫惯性抵抗，这种抵抗力叫惯性力。生物要游动就必须去推周围的水，由于水的惯性力被推回，结果就会朝推水的反方向前行，也就是把水的惯性力作为推进力。

推水时会有水流，因为水分子之间具有引力，这种引力会阻碍水流动，这就产生了另一种抵抗，叫粘性抵抗，这种抵抗叫粘滞力。它也可以作为推进力使用。

生物游动时必定会遇到惯性力和粘滞力，虽然不管用哪个力都可以游动，但效率却不同。生物体型与此有密切联系。

首先，我们来看一下惯性力和体型的关系。

惯性力 = 质量 × 加速度

这个公式大家都很熟悉。物体的质量越大，惯性力越大，惯性力还与加速度成正比，随着加速度的增大而变大。也就是说，移动重的物体需要更多力气。在质量相同的情况下，快速移动与慢慢地移动相比，需要花更大的力气。

我们走路时要蹬地面。和水不同，地面是固定的，不会流动，因此蹬地面就可能使整个地面移动。但地球的质量大得惊人，我们根本移动不了它。相反，我们会因反作用力向前进。

水是液体，不像固体是一个固定的整体，人无法像踩在地球表面行走般在水中移动。我们用脚划水时，影响的水量是有限的，产生不了很大的惯性力。为了得到大一点的惯性力，就要划动大量的水。鱼鳍和蹼的表面积那么大，就是为了划动更多的水。

对鱼类来说，一般情况下，被推开的水量等于鳍的面积乘以鳍移动的距离。因为鳍的面积和动物的表面积基本成正比，和体长的 2 次方成正比。又因为鳍移动的距离和体长成正比，于是得出水量和动物的体积成正比，水的密度乘以动物的体积就是被推开的水的质量。

被推开的水的质量 ∝ 水的密度 × 动物的体积

加速度可以理解为：

加速度 ∝ 游动速度^2 / 体长

因此，

惯性力 = 质量 × 加速度

  ∝ 水的密度 × 体积 × 游动速度^2/ 体长

  ∝ 水的密度 × 体长^2 × 游动速度^2

粘滞力用下面的公式表示。我们把粘滞力和惯性力的公式并排写在一起：

$$粘滞力 \propto 水的粘度 \times 体长 \times 游动速度$$
$$惯性力 \propto 水的密度 \times 体长^2 \times 游动速度^2$$

对比一下惯性力和粘滞力的公式，惯性力与体长和速度的2次方成正比，粘滞力与速度成正比。因此，体长和速度增加，惯性力就会变大。惯性力和粘滞力的比称为雷诺数。

$$雷诺数 = 惯性力 / 粘滞力 = 密度 / 粘度 \times 体长 \times 速度$$

密度和粘度是指物体周围流体（此处指水）的密度和粘度。

雷诺数是惯性力和粘滞力的比，这意味着雷诺数较大时粘滞力较小，只考虑惯性力就可以。雷诺数较小时惯性力较小，只考虑粘滞力就可以。知道雷诺数，就能知道决定物体运动状态的力的种类和物体周围的物质状况，它是流体力学中最基本的参数。

不同动物以最高速运动时，雷诺数和体长的关系是怎样的呢？如图7-5所示，雷诺数与体长和速度成正比，体型（体长）大的动物一般速度快，雷诺数也越大。即使是鳉这样的小鱼，雷诺数也超过了1000。雷诺数为1000意味着惯性力是粘滞力的

1000 倍，属于惯性支配的世界。相反，使用鞭毛和纤毛的生物的雷诺数在 0.1 以下，属于粘性（引力）支配的世界。

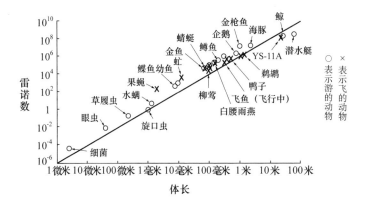

图 7-5　雷诺数和体长的关系
（麦克马洪和拜恩使用 1983 年的数据绘制；林基于 1990 年的构思绘制）

　　图中还举出了在空中飞的动物的例子。这些动物在空气这种流体中活动，当然也和雷诺数有关。非常有趣的是，体型相同的飞行动物和水生动物，雷诺数非常接近。在图中，体长接近 1 毫米的两种动物，雷诺数都很接近 1。粗略地看，可以说飞的动物和游的动物基本都在这条斜线上。

　　这条斜线可以表示在流体中运动的动物体长和雷诺数的关系，以此为基准，能总结出以下几点：

　　1. 体长在 1 毫米以下，粘滞力比惯性力大。

　　2. 速度和体长成正比。

3.体长相同的话，飞比游的速度快 15 倍。

关于最后一点，只要想一想空气和水的物理性质就很容易理解。雷诺数与密度 / 粘度的值成正比，但这一数值在水中比空气中大 15 倍。因此，若体长和雷诺数相同，在空气中的速度则要比在水中大 15 倍。这一结论虽然不是十分精确，但作为一般的数据还是很有用的。

对于体长 1 毫米以下的生物来说，粘滞力比惯性力大。在引力支配的世界中，感觉是黏糊糊的。对人类来说，拨水会感觉很清爽，但对于小生物来说，却是像糖水一样黏黏糊糊。

使用粘滞力得到推进力和使用惯性力得到推进力的情况不同。虽然前面我们说过，纤毛可以像桨一样划水，实际上这种说法不太准确。在惯性的世界，划水时用桨板推开很多水，返回时把桨板侧过来缩小划水面积，只推动少量的水就行。但在粘性世界，不管桨怎么划，东西都会粘上来，桨返回时，也会产生很大的反方向的推进力，这样就很难前进。但也不是没有办法，可以改变桨的划动方法抵抗粘滞力。一根棒子立起来纵向划水，比棒子横过来划水能产生 2 倍的粘性抵抗。因此，纤毛重复进行立起向后划和弯曲回复划，便得到推进力（参见 81 页）。但即使这样，最多也只能提高至 2 倍的效率，所以使用纤毛和鞭毛的生物的游动效率只有百分之几，比使用惯性力的动物的游动效率的十分之一还低，原因就在于此。

奇妙的肌丝

体长 1 毫米以上的水生生物生活在惯性支配的世界，体长 1 毫米以下的生物生活在粘性支配的世界，这种观点没有错。而 1 毫米左右的生物，由于雷诺数接近 1，因此粘性和惯性都会对它们产生影响。

体长 1 毫米左右的生物能够使用一点小伎俩。因为雷诺数不仅和体型有关，也与速度成正比，只要改变运动速度，就能够自由出入粘性世界和惯性世界。

有种叫钟虫的单细胞动物，它能从吊钟形的身体中延伸出一个柄，通过这个柄附在水池中的枯枝等漂浮物上，如图 7-6

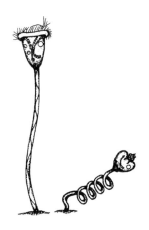

图 7-6　钟虫，柄的长度为 0.2 毫米。可以从柄中看到呈螺旋状的肌丝，右边是柄收缩时的情况。

所示。钟虫既有单个个体，也有多个个体组合成的大群体，是纤毛虫的同类。其吊钟部分长有纤毛，以此划动水流，捕食细菌。钟虫平时过着定居生活，但环境恶化时，吊钟会离开柄部，游向其他地方。这时钟虫就使用纤毛游动，它就是粘性世界的居民。

钟虫的柄平时是伸直的，有震动时，就会呈螺旋状收缩起来，以逃离捕食者。柄的收缩速度很快。因为柄中有叫肌丝的特殊装置，它是和肌肉完全不同的收缩组织，收缩速度比已知的最快的肌肉收缩速度还要快十倍，为什么这样小的生物会进化出这么快的收缩装置呢？

我们再次回想一下粘性支配的世界。

因为粘性的世界到处都黏糊糊的，任何活动都会使周围的环境跟着动起来。假如发现捕食者时选择逃走，只会拉着捕食者一起动，再怎么逃还是会被捕食者从后面追上。

一个解决办法是提高瞬间逃跑速度，增大雷诺数。这样就能从粘性世界切换到惯性世界，不被环境黏住，从而甩掉捕食者。

有肌丝装置的动物除了钟虫以外，还有喇叭虫和旋口虫。

一有情况，它们就会马上通过肌丝装置收缩身体，所以都属于纤毛虫属，是单细胞动物中个体较大的，体长达 1~2 毫米。这样的体型是关键。如果更小的话，原本雷诺数就小，再怎么收缩，都很难从粘性世界逃出来。而体型更大的话，又会被束缚在惯性世界里。

使用纤毛游动的生物，体型越大，游的速度越慢。这些慢吞吞的生物重要的生存手段，就是超高速收缩装置——肌丝。1毫米大小的体型是能同时利用粘滞力和惯性力的最理想的体型。肌丝一收缩，就会让它们瞬间从粘性世界转移到惯性世界，从而避免被捕食。它们总能利用体型的长处，漂亮地使用雷诺数。

扩散对细菌的影响

四处游动的生物中最小的是细菌。体长通常在 0.2～5 微米之间。一些细菌长有细菌鞭毛。细菌鞭毛像松弛的弹簧一样，松松地卷成螺旋状，毛的根部有生物界稀有的旋转驱动型装置。这个装置一旦转动起来，就会像葡萄酒的开瓶器一样转动，推动细菌前进。

细菌生活在粘性世界。但是，它和生活在粘性世界的用鞭毛或纤毛游动的真核生物又不同。对于细菌那么小的生物来说，游动的意义会发生一些变化。

分子会由于热运动四处移动。分子的这种运动很细微，人类的眼睛看不见。但是对于细菌来说，分子运动是相当剧烈的。也就是说，与细菌自身的体长相比，由热运动引起的移动是不能忽视的。

由热运动引起的分子活动称为扩散，下面是扩散距离和时间的关系。

扩散距离 ^{2}=2D× 时间

扩散距离的 2 次方和时间成正比。比例系数 D 为扩散系数，由分子的大小、温度以及介质种类决定。比较小的分子在室温的水中扩散时，D 的值是 $10^{-5}cm^2/s$ 左右。

细菌的体长大约是 1 微米。利用上面的公式，求得细菌运动 1 微米距离所需要的时间是 0.5 毫秒。而移动体长的 10 倍，也就是扩散 10 微米需要的时间是扩散 1 微米的 100 倍，但即使这样也只需要 0.05 秒。

细菌的速度是每秒 20 微米左右，而分子扩散的速度是每秒 45 微米左右，也就是说，环境也是"游泳高手"。

这样的环境中食物丰富，因为即使不专门为捕食而游动，食物分子也会游过来。

在我们的日常世界中，牛为了吃草必须走路。不动的话，身边的草就会被吃光。但是在细菌的世界中，食物是在"传送带"上移动的。只要张开嘴，食物就会自动地送入口中，这样就没有必要游动。

不过，食物送入口中的频率是由食物的分布密度决定的。

食物若分布得稀疏，即使"传送带"以同样的速度转，上面也没什么食物。因此，只要生活环境中食物丰富，不管游不游，食物都会送入细菌口中。

这样真是不错，遗憾的是，只有体型极小的生物才有这种待遇。我们看看扩散时间和距离的关系。

$$\text{扩散时间} \propto \text{扩散距离}^2$$

也就是说，若扩散距离变为原来的 2 倍，扩散时间就会变为原来的 4 倍。若扩散时间扩大为 100 倍的话，扩散距离就是10000 倍。比如利用扩散移动 1 毫米，也就是相当于草履虫体长的 10 倍，要花费 8 分钟，而草履虫游的话只需 1 秒。所以，就算是像草履虫这么大的生物，也不能只张开嘴等待食物送到口中。

第八章
呼吸系统和循环系统的必要性

很多动物因为体型太小，身体中没有呼吸系统和循环系统，那这些生物是怎样吸收氧气和营养物质的呢？如果没有以上的系统，动物的身体最大能达到多大？动物身体中的各种组织又是如何经过精密计算，不浪费一丝一毫的能量，以维持生命？

没有肺和心脏的动物

生物体型极小的话，即使一动不动，食物也会送到嘴边，而且摄入体内的营养物和氧会很快到达身体的各个角落。因为它们的身体几乎是由水构成的，营养物的扩散速度和在水里差不多，而氧在组织中的扩散速度比在水中慢一半。

而体型变大的话，从体表到身体内部的距离就很远，仅仅依靠营养物自然扩散要花很长时间，必须使用体液循环，把以氧为首的分子从体表运到身体内部。

另外，"容器"小的话，仅依靠扩散也可以使各处的浓度保持均衡。而"容器"大的话，不搅拌就很难使各处的浓度均衡。循环系统的作用就是通过搅拌混合在身体中的水、氧和营养物，使它们浓度均衡，因而体型小的生物是不需要循环系统的。

体型小也不需要呼吸系统。外界的营养物和氧从动物身体表面进入，进入身体的量和表面积成正比。消耗营养物和氧的是身体组织，因此消耗量和组织量成正比，也和体积成正比。由于体型小的动物表面积／体积的值大，体型变大，比值则变小。因此，对体型大的动物来说，虽然营养物和氧的需求量增加了，但供给量却没有增加。为了吸收更多的氧，必须增加额外的吸收"装置"，这就是呼吸系统。表面积与体积的比率问题我们谈论过好几次了，以后还会反复出现。体型问题与很多问题都有联系。人类这种大型生物进化出了呼吸系统和与之密切相关的循环系统等表面积复杂的结构，就是要解决表面积与体积的比率问题，但体型小的话，即便没有这些结构也没关系。

那么体型要多小，即使没有呼吸系统和循环系统，动物也能活下去呢？食物可以储存在肚子里，氧却不能。所以首先来关注氧，我们试着计算一下仅靠扩散吸收氧的动物体型上限是多少。

这个计算依据的是下面的公式：

物质的移动量 =K× 面积 × 物质的浓度梯度

利用这个公式可以计算出单位时间内有多少物质通过扩散从体表进入体内。物质的移动量与吸收物质的表面积成正比，也与物质的浓度梯度成正比。

所谓浓度梯度是指体表厚度除以表面两侧的浓度差得出的

值。公式中的系数 K 类似上一章谈到的扩散系数 D，即气体在溶液中的溶解情况。

这一公式是德国生理学家菲克提出的，它不仅适用物质扩散传递的情况，也适用热传递的情况，已成为生理学最基本的公式之一。

我们以球形生物为例，设定氧从球表面通过扩散进入，供应动物所需，那球的上限是多大。通过公式进行简单计算可以得出答案（参照附录二），结果是半径在 1 毫米左右。

也就是说，既没有呼吸系统也没有循环系统的球形生物，身体半径不能超过 1 毫米。

扁虫为什么是扁的

在没有呼吸系统和循环系统的情况下，体型若想变得比 1 毫米大，怎么办呢？其中一个办法就是改变形状。物质通过扩散能移动的距离有限，只要把身体厚度控制在这一距离限度之内，身体横向扩展即可。球体是表面积 / 体积值最小的形状，只要变得扁一些，就能克服扩散距离和表面积 / 体积之间的矛盾。

采取这种策略的动物就是扁虫。在教科书中常见到的涡虫就属于这类动物（扁形动物）。它们的体型就像名字一样，呈扁平状。我们经常能看到长 5 厘米左右的椭圆形扁平生物贴在退潮后的礁石上，它们就是一种大型的扁虫。还有很多几毫米的小扁虫，小扁虫的截面接近圆形。体型变大时，小扁虫身体的厚度不增加，而是横向扩展。

扁虫既没有呼吸系统也没有循环系统，它们一般贴在岩石上，氧只能从其背部进入，那么和刚才球形生物的例子一样，扁虫身体最多能有多厚呢？计算得出，最大厚度是 0.6 毫米（参照附录二）。实际上，无论扁虫有多大，身体基本都是这个厚度。我们似乎可以得出这样的结论——扁虫的身体厚度是由氧的扩散速度决定的。

扁虫变扁解决了氧的运送问题。那么，它们是怎样向体内运送营养物质的？人类可以用肠胃吸收营养物质，再由血液送到身体各个角落，可扁虫没有这样的结构。

扁虫的口位于腹部中央。为了把吃掉的食物送到体内，扁虫的肠很复杂，延伸到身体的每个角落，如图 8-1 所示。营养物质通过肠直接到达各处。根据扁虫肠的状况，可以将扁虫分为无肠类、棒肠类、三肠类和多肠类，小扁虫没有肠，只有像棒子一样的腔体。随着身体向横向扩展，扁虫的肠越分越多，从而能覆盖很大的面积。

扁虫没有运送氧的系统，但是有运送营养物的系统，这种区别大概是由分子扩散速度不同造成的。像氧那样的小分子扩散速度很快，食物分子依据分解的程度大小不同，但与氧相比要大得多，所以扩散速度很慢。尤其是大分子，在组织内部的扩散速度与在水中相比要慢得多。因此即使没有呼吸系统，也要有营养物的运送系统。

图 8-1 大型扁虫（多肠类）
（海曼以 1951 年的文献为基础绘制）

关于"扁虫为什么是扁的"的理论，英国的麦克尼尔·亚历山大在《体型和形状》中有详细介绍。亚历山大满头白发，个子很高，一般人要仰视才能看清他的面貌。第二章中介绍的施密特－尼尔森也是白头发的高个子。两人并肩走时，不禁让人感叹，做体型研究的人身高和学问都"好厉害"。施密特－尼尔森有一本叫《动物的行为和性能》的书。这两本书都让我感受到了动物学的趣味。他们的叙述简洁明快，构思精巧，逻辑清晰又富有幽默感，让我体味到以个体为基础的动物学的深奥和妙趣。

蚯蚓能变得像蛇一样粗吗？

如果没有呼吸系统，但有循环系统，动物体型最大可以变得多大呢？亚历山大对蚯蚓类的动物进行了深入研究。蚯蚓有血管、有红色的血液流动，但没有鳃和肺。那么，像蚯蚓这类圆柱形的动物，若没有呼吸系统也没有循环系统，仅依靠扩散运送氧气，最多能长多粗呢？我们可以用计算球形动物和扁虫的方法进行计算，结果得出半径最粗为 0.8 毫米（参照附录二）。

那么试着给它加上循环系统。血管位于体表之下，假如氧从体表通过扩散进入血管，随着血液的流动被运送到身体各处，这样的话，蚯蚓可以长到多粗呢？根据附录三的计算方法，得出半径最粗为 1.3 厘米。

那么现实情况又如何？南美有一种体重达 1 千克的巨型蚯蚓，是世界上最粗的蚯蚓，其身体半径刚好是 1.3 厘米，和计算得出的数值一致。非洲和澳大利亚虽然没有这么粗的蚯蚓，但个别蚯蚓的长度超过了 3 米。

由于没有呼吸系统，又受表面积与体积的比率的制约，因此蚯蚓身体的直径有极限，只好变得特别长。

没有循环系统的圆柱形动物，其身体的最大半径是 0.8 毫米；有循环系统的圆柱形动物，身体的最大半径 1.3 厘米，后者是前者的 16 倍。

动物身体组织的效率

动物想变得更大，就必须依靠呼吸系统生存。鳃和肺是典型的呼吸器官，它们会通过膨胀进行气体交换。两者的不同在于，鳃是向外膨胀，肺是向内膨胀。为了增大表面积，两者都有很多褶皱。

动物的身体组织效率很高，我们姑且认为它没有浪费（当然真实情况并非如此）。进入肺的氧绝不比组织需要的氧少，当然也不会多很多。氧从肺进入到血液，从血液到细胞，再到细胞内的线粒体。线粒体则使用氧制造出 ATP。如果各个处理阶段的能力是相互匹配的，氧就会毫不浪费地传递下去。

在工厂的生产线上，如果不同阶段的员工工作能力相同，生产线就能顺利运转，氧的运送和这个道理相同。即使只有一个环节性能不好，也会造成浪费。

那么哺乳动物的呼吸系统真的设计得如此完美吗？

当动物达到最大耗氧量时，呼吸系统才发挥它最大的作用。首先看看耗氧量。假设让动物在跑步测能器上跑，然后不断提高传送带的速度，当达到某个速度时，耗氧量就会达到最大值。此后，虽然在短时间内可以让动物以更快的速度跑，但那时有氧呼吸产生出的 ATP 已达到最大值，接下来只能靠无氧呼吸制造 ATP，这会产生乳酸堆积，动物很快就跑不动了。

这样测出的单位时间最大耗氧量大约是标准代谢量的 10 倍。因为标准代谢量与体重的 3/4 次方成正比，所以耗氧量基本也与体重的 3/4 次方成正比。因此，呼吸系统的耗氧量只要与体重的 3/4 次方成正比，一般都不会浪费。

另外，由于耗氧量基本与体重的 3/4 次方成正比，那么每克组织的耗氧量与体重的 -1/4 次方成正比。也就是说，体重 30 克的老鼠和体重 300 千克的牛相比，老鼠单位组织的耗氧量要比牛的多 10 倍。为了完成差异这么大的工作，老鼠和牛的呼吸系统、循环系统，以及细胞内的线粒体都会随着体型发生某些变化。

首先，我们看看需要氧的肌肉。一般来说，血液中 90% 的氧都供给了骨骼肌。骨骼肌的质量约占体重的 45%，这与体型无关，是个定值。而体内 80% 的线粒体在骨骼肌内，因此可以说氧几乎是被骨骼肌消耗的。老鼠每克组织的耗氧量比牛每克组织的耗氧量多 10 倍，就是因为二者骨骼肌的耗氧量有 10 倍的差距。

而骨骼肌 70% 的能量（ATP）都被力气的产生装置——肌动－肌球蛋白系统消耗掉了（剩下的 30% 用于调节钙离子的浓度，来激活肌动－肌球蛋白系统）。肌肉的主要蛋白质肌动蛋白和肌球蛋白相互作用产生力量，这时 ATP 被分解消耗，而肌球蛋白可以作为分解 ATP 的酶，其活性实际上与体重的 -1/4 次方成正比。也就是说，相较之下，小动物的骨骼肌会消耗更多的

ATP。

那原因是什么呢？动物体型越小，越要做更多的工作吗？不是这样的。动物肌肉的单位横截面积能使出的力气，以及肌肉长度会收缩百分之几，都是一定的，都与体型无关。因此，肌肉能做的工作与其体积成正比，以单位体积来看，肌肉能做的工作量是一定的，与工作种类和体型都无关。因而工作不同，不会造成能量消耗的不同。

但体型不同，肌肉的收缩速度不同。体型越小，肌肉收缩得越快。收缩速度与体重的 -1/4 次方成正比。收缩得越快，使用的 ATP 越多。也就是说，肌肉的收缩速度与肌球蛋白的活性成正比。

我们已经明白线粒体的性能与动物的体型无关。1 毫升线粒体 1 分钟大约消耗 5 毫升氧，制造出相应数量的 ATP。

若线粒体的性能相同，那么可以想象，动物体型越小，产生的线粒体越多。事实的确是这样。看看骨骼肌的电子显微镜照片，不管哪种动物基本没什么区别，只有线粒体的数量明显不同。相同质量的肌肉里，老鼠的线粒体有很多，而牛的只有零星几个。

毛细血管将氧运送到肌肉细胞。氧从血液扩散到细胞内。而毛细血管和线粒体的配置关系也是一定的，与动物的体型无关，1 毫升毛细血管供应 3 毫升线粒体的氧分。

再谈一谈毛细血管和线粒体的关系。毛细血管的粗细程度与动物体型无关，都是 5～10 微米。每毫升线粒体的肌肉周围，都有 13 千米长的毛细血管。肌肉消耗的氧多，相应的血管也多，这是为了实现供需平衡。

接下来我们来看看肺。若肺的体积与耗氧量成正比，那么就应与体重的 3/4 次方成正比。但肺在身体中占的比例与动物体型无关，质量占 1%，体积占 5%。而耗氧量与体重的 3/4 次方成正比，肺的质量与体重的 1 次方成正比，这是不是意味着体型越大的动物，越是白白长了一个过大的肺呢？

其实以上的论证有不充分的地方。单位时间应该交换多少体积气体的问题，应该比较体积/呼吸间隔的值和耗氧量。呼吸间隔与体重的 1/4 次方成正比。因此单位时间进入肺的氧就是 $W^1 \div W^{1/4} = W^{3/4}$，和耗氧量相同，与体重的 3/4 次方成正比。这也合乎逻辑。

这样看，似乎可以认为即使动物的体型变大，它的肺、血管、线粒体也会毫无浪费地运送氧。

第九章
动物身体器官的大小

　　不同的动物，脑、心脏、肺、肠、胃等器官的大小与体重都成一定的比例。但不同动物骨骼占体重的比重和骨骼的强度、韧性有很大的不同。将老鼠从六层楼顶扔下来，老鼠不会有丝毫损伤，但马掉进深坑里会骨折，这和动物的体型有很大的关系。

心脏和肌肉

前面我们证实了肺的质量、体积与动物的体重成正比，呼吸间隔与体重的 1/4 次方成正比，结果得出呼吸氧的量与体重的 3/4 次方成正比，和耗氧量相匹配。

在动物来说，和体积有关的量也会与体重成正比，而时间似乎与体重的 1/4 次方成正比。表 9-1 中展示了肺、心脏和体重、体积以及时间的关系。肺和心脏一样，它们的质量、体积都与体重成正比。

另一方面，心跳间隔与体重的 1/4 次方成正比。因此，心脏在单位时间内送出血液的量就是 $W \div W^{1/4} = W^{3/4}$，与体重的 3/4 次方成正比，这也与耗氧量相符合。

消化系统也一样。肠、胃等消化器官的总质量与体重成正比（见表 9-2），即使肠胃中塞满食物，也基本与体重成正比。肠慢慢地蠕动消化食物，这种反复收缩的时间大概与体重的 1/4

次方成正比，食物通过的量与体重的 3/4 次方成正比，这也和耗氧量相符合。

动物体内各种器官的质量、体积与体重成正比，即使体重变化，器官占体重的比重也不变。以哺乳动物为例，肺的质量占体重的 1.1%，心脏是 0.6%，消化系统是 5.3%。血液的总质量也和体重成正比，是体重的 6.9%。而器官运动周期也和体重的 1/4 次方成正比，体型越大，运动得越慢。

表 9-1 呼吸系统、循环系统和体积、时间、体重的关系

	体积（毫升）	时间（秒）
呼吸系统		
肺的体积	$57W^{1.02}$	
一次的呼吸量	$6.3W$	
呼吸间隔		$1.1W^{0.26}$
循环系统		
心脏的体积	$5.7W^{0.98}$	
心脏泵出量	$0.74W^{1.03}$	
心跳间隔		$0.25W^{0.25}$
总血液量	$76W$	
血液循环一次的时间		$21W^{0.21}$

※ 测量对象为哺乳动物，体重（W）的单位为千克。

表 9-2　哺乳动物器官的重量和体重的关系

肺	$0.011W^{0.99}$
心脏	$0.0057W^{0.98}$
血液	$0.069W^{1.02}$
胃＋肠	$0.053W^{1.02}$
骨骼肌（总重量）	$0.45W$
骨骼（总重量）	$0.061W^{1.09}$
脑	$0.011W^{0.76}$
肾上腺	$0.000273W^{0.79}$
甲状腺	$0.000129W^{0.92}$
脑垂体	$0.000030W^{0.56}$
肝脏	$0.033W^{0.87}$
肾脏	$0.00732W^{0.85}$
睾丸	$0.00506W^{0.72}$
乳房	$0.045W^{0.82}$

※ 体重（W）的单位为千克。由彼得斯（1983）和考尔德（1984）测定。

　　骨骼肌的质量与体重成正比，占体重的 45%，几乎达到了一半（见表 9-2）。所谓骨骼肌，是指长在骨头上使骨骼运动的肌肉。因为有骨骼肌，我们才能走路，拿起重的物体。它是让身体保持一定的姿势，使肌体运动的原动力。

　　骨骼肌能做的功与肌肉的体积成正比，因此与体重成正比；肌肉收缩时间与体重的 1/4 次方成正比，因此功率（力在单位时间内所做的功）与体重的 3/4 次方成正比。这与代谢率相符合。

这样看来，与体积相关的量与体重成正比，时间与体重的 1/4 次方成正比。因此，体积变化率（单位时间内体积变化的量）与体重的 3/4 次方成正比。

这样继续深入地思考下去，就能回答"代谢量为什么与体重的 3/4 次方成正比"的问题。代谢量（代谢率）就是单位时间的能量消耗量。能量可以由食物或 ATP 的量表示，食物和 ATP 的量可以用体积表示，单位时间的代谢量当然也可以说与体重的 3/4 次方成正比。

这解释了代谢量为什么与体重 3/4 次方成正比，但体积为什么与体重成正比？时间为什么与体重的 1/4 次方成正比？体积与体重成正比，这一想就可以明白。不解的是，时间为什么与体重的 1/4 次方成正比呢？关于这一点，我将在下一章揭开谜底。

脑的大小由什么决定

肺、心脏、血管、消化器官和肌肉是身体中的主要器官。在健康的状态下，这些器官在身体中所占的比重是不变的，与体型无关。因此哺乳动物的身体构造不由体型决定，而是以固定的比率构成。

然而，体重增加时，部分器官的质量却几乎不增加，比如脑和内分泌器官（脑垂体、肾上腺、甲状腺）。影响血液组成的肾脏和肝脏，与体重的 0.85 次方至 0.87 次方成正比，这两个器官的质量增加，相比体重的增加来说也微乎其微。

脑和内分泌器官控制着身体的机能，然而控制方的质量与受控方的质量却不成比例。我们想一想汽车的钥匙就能明白。载重 10 吨的重型卡车的钥匙不会是载重 0.2 吨的轻型汽车钥匙的 50 倍。不管发动机大小，汽车钥匙的体积都差不多。

在控制某个机能时，不论控制方体型大小，只要有一个控制系统就可以了。重型卡车不会因为载重量大而装两个方向盘。虽然控制系统的大小和方向盘一样，会随着受控方体型的增大而变大，但重型卡车的方向盘也不会是轻型汽车的 50 倍，基本和大小没有关系。同理，虽然动物身体器官的机能会因体型的增大而增加，但其体积不会成正比例增加。因此可以推断，身体控制系统的总质量并不随体重的增加而增加，实际也确实如此。

脑是重要的器官。一般认为哺乳动物的脑与体重的 2/3 次方成正比，也就是与表面积成正比。脑的主要任务是处理、判断外界信息，给运动系统下达行动指令。十年前的理论认为，外界的信息通过身体表面进入大脑，进入的信息量就与身体表面积成正比。因此，脑会随着处理信息的增多、随着表面积的增大而变大。

然而仔细探讨脑和体重的关系，会发现脑的质量不是体重的 2/3 次方，而大约与体重的 3/4 次方成正比。为什么会这样呢？原因是脑的发育和其他的器官的发育有很大的不同。

　　在研究生物的异速生长关系时，一般都从野外捕捉各种动物采集数据。测定野生动物的年龄很困难，所以一般都不分年龄地采集数据。但这种操作方法把处于成长期的个体和完全成熟的个体都笼统地归在一起记录下来。

　　随着个体的成长，器官和身体的质量越来越大，这是确定无疑的。而且很多器官随着身体的发育变得越来越大，但脑部却不是这样。脑在个体成长早期就已发育完成，之后即使身体变大，脑也不怎么变化，基本与原先保持一致。因此调查脑和体重的关系时，如果捕捉到的动物个体处于不同的成长阶段，以此为依据进行比较很难得出有意义的结论。考虑到这一点，只利用完全成熟的个体数据探讨脑和体重的关系，就会知道脑的质量不是与体重的 2/3 次方成正比，而是大约与体重的 3/4 次方成正比。

　　与体重的 3/4 次方成正比，意味着与代谢率也成正比，因此出现了母亲的代谢率决定孩子脑部大小的观点。假如脑是在成长初期就基本发育成熟，也可以认为胎儿期和哺乳期母亲的代谢率对孩子的脑部大小有决定性影响。

　　但是，马上就出现了相反的意见。如果母亲的代谢率直接决定孩子脑的大小，那么代谢率高的生物，脑相应地也会变大。然而事实并非如此。代谢率与体重的 3/4 次方成正比是一个平均值，也有偏离这个数值的动物。比如水貂、麝香鼠等生长在寒冷地区的哺乳动物，它们的代谢率非常高，但大脑却不怎么重。另外，与住在地面上的动物相比，住在树上的动物的脑更重，但比较一下生活在树上的松鼠和生活在地面上的松鼠，两者的代谢率看不出差别。

这样就直接否定了代谢率直接决定大脑大小的观点。那么脑的大小和代谢率成正比只是一种偶然现象，还是两者之间间接存在某种因果关系？目前还没有答案。

即便如此，一说起 2/3 次方，科学家们立刻就会联系到表面积和信息量的关系；一说起与体重的 3/4 次方成正比，就会立刻联想到代谢率。实际上，科学就是简单明确的，也可以说挺没原则的。这也是科学有趣的地方。

但这里必须注意的是，过分追求简单明确，会有歪曲事实的危险。就拿脑的质量这个例子来说，因为关于脑、表面积以及信息量的说明太清晰鲜明，人们就倾向于相信与体重的 2/3 次方成正比的观点，即便实际测量所得的数值不太规律，也有意让结果符合预期，任意地取舍数值。所以研究中要注意避免受单纯化、抽象化的影响。

骨骼越大，强度越低吗？

动物在增加体重的同时，一些器官的质量也会增加，这就是骨骼（见表 9-2）。老鼠的骨骼看起来很精致，而大象的骨骼看起来实在粗糙。骨骼扮演着支撑身体的角色，支撑大象那样沉重的身躯，粗糙一点也是理所当然的。

大象的骨骼看起来粗糙，大概有两个原因。第一是因为骨骼在身体中所占的比重很大，看一下大象的骨骼标本就知道了。第二是因为骨骼的形状不同。大骨骼直径都很大，看起来又粗又短，不轻巧，这也是它看起来粗糙的原因。

为了能支撑起身体，骨骼的长度和直径应该有怎样的关系呢？我们以腿部骨骼为例思考一下。

假如体长变为原来的 3 倍，身体的高度、宽度也都变为原来的 3 倍，这样一来，体重就变为原来的 27 倍。而腿能支撑的质量与腿部骨骼的横截面积成正比，所以横截面积也必须相应地增加。又因为横截面积与半径的平方成正比，为了使横截面积变为原来的 27 倍，半径就要变为原来的 5.2 倍。因此，想使身体所有部分都变为原来的 3 倍，腿就必须变粗 5.2 倍。

也就是说，保持形状不变（几何学上的相似），而体型扩大几倍是很难的。对于腿部或背部等起主要支撑作用的骨骼来说，粗细度的增加幅度会更大。所以大象的腿无法像羚羊腿那样修长。

为了支撑沉重的身体，动物似乎应该尝试一下改善骨骼的性质，使其变得更加坚固，这样的话，腿细一点的大象应该也可以支撑自身的重量。例如，平房是由木头搭建的，而高楼大厦是由钢筋水泥建造的，这就是通过改变材料的强度来支撑更大质量的例子。

但是，动物没有采取这样的做法。测量一下各种体型的动物的骨骼强度，会发现骨骼的坚硬程度与其体型无关，基本是一定的。哺乳动物的骨骼是由磷酸钙和骨胶原蛋白质纤维构成，骨骼的性质并不会因为物种的不同发生改变。

动物为什么不使用其他更加坚固的材料呢？利用骨骼支撑身体是脊椎动物的宿命，这个群体在进化过程中必须背负骨骼带来的制约。也就是说，不管是大动物还是小动物，都使用相同的"建筑材料"。就像要增加房子的高度，就必须把柱子设计得更粗一样，动物体型变大，腿就不得不变得又短又粗。

回顾一下前面的内容。骨骼的质量和骨骼的横截面积乘以骨骼的长度所得的值成正比。骨骼的横截面积和它支撑的体重成正比，因为骨骼的长度和体长成正比，所以也和体重的1/3次方成正比。

骨骼的质量 ∝ 骨骼的横截面积 × 骨骼的长度

$$\propto W \times W^{1/3} = W^{4/3} = W^{1.33}$$

也就是说,骨骼的质量和体重的 4/3 次方（即 $W^{1.33}$）成正比，这意味着随着体型变大，骨骼质量的增幅会比体重的增幅大得多。结果就是，体型越大的动物，骨骼所占的比重越大。

另外，由于体型大的动物骨骼占身体的比重大，因此骨骼的形状能反映出动物的体型，大象又粗又壮，一定是因为骨骼又短又粗。

到目前为止我们都是在推论。那么实际情况又如何呢？在人体中，骨骼质量占体重的 15%，而对于体重 3 吨的大象，骨骼占其体重的 20% 以上，体重 3 克的地鼠骨骼仅占其体重的 3.5%。确实，体型大的动物身体中骨骼占的比重更大。

但这个规律与我们的预想并不完全一致。按照刚才的推断，骨骼的质量和体重的 1.33 次方成正比，但是实际上它与体重的 1.09 次方成正比，如表 9-2 所示（详见第 112 页）。也就是说，虽然与体重的增幅相比，骨骼的增幅要多得多，但增幅不像我们推断的那么大。

我们的推断有什么地方不对吗？到目前为止，我们仅仅以骨骼支撑身体、保持姿势、运动这几个机能为基础进行思考。与静静地待着相比，跳跃、翻转、搏斗时所产生的冲击力对骨骼来说更难应付，因此仅仅从骨骼支撑体重这个角度思考并不全面。

冲击力当然与体型无关。我们想一想动物奔跑时的情况。奔跑时的动能会转换为冲击能，所以冲击能就变成 1/2（质量 × 速度^2）。在这里，质量与体重成正比，因为奔跑时的速度基本与体长成正比，冲击能大概与体重的 5/3 次方成正比。

另一方面，奔跑时身体形状会改变，以应变能的形式吸收冲击能。在此我们假定不管体型大小，动物的身体都由同样的材料构成，因为单位体积所能吸收的应变能与体型无关，所以动物能吸收的应变能的总量与体积（体重）成正比。

冲击能与体重的 5/3 次方成正比，应变能与体重成正比。因此体型越大，与体重的 2/3 次方成正比的多余的应变能就会作用在身体上。单位体积的应变能是"形变 × 应力"，因此形变一大，身体就承受不了。这样就得增加骨骼的力量，使之能够承受更大的应力（单位面积承受的力）。

体型相同，最大形变的比率是不变的。形变一定的话，能够承受的应力与体重的 2/3 次方成正比。所以骨骼的直径必须比刚才我们推导出的数值更大，而骨骼的质量应与体重的 5/3 次方，也就是应与 $W^{1.67}$ 成正比。

但实际情况却是骨骼的质量与 $W^{1.09}$ 成正比，也就是说，虽然比起体重的增幅，骨骼的增幅要大得多，但也不是极端地增加。

理由大概是这样。假设猫的体型为哺乳动物的标准体型，根据岛屿规则，这样的假设也算合理。猫（体重 5 千克）的骨骼占体重的 7%。以此为基准，假定像我们推断的那样，骨骼的质量与 $W^{1.33}$ 成正比，那结果会怎样呢？

若体重变为 0.6 吨（比如马），骨骼就会占到体重的 34%；体重增加到 10.8 吨（吉尼斯纪录中最大的非洲象），骨骼会占到 88%。这样就成了全身都是骨头的怪物，根本难以生存。

建楼时，为安全起见，柱子的强度比实际承受的力量要大得多。材料的最大承受值与日常承受值之比，称为安全系数。体型较小的动物，一般来说安全系数相当大。然而体型大的动物似乎牺牲了安全系数，尽量控制身体中骨骼所占的比重，以确保内脏器官的空间。也就是说，体型越小的动物骨骼强度越大，体型越大的动物骨骼强度相对越小。

马要是掉进很深的坑里，骨头立刻摔得粉碎，不久就会死去。但是老鼠掉进去却还能活蹦乱跳。施密特－尼尔森的书里曾写到，他和同事吃午餐的时候曾因为这一点有过下面的谈话：

"是吗？"施密特－尼尔森一脸不相信的样子。

福格尔马上走到黑板前开始计算。

"撞击到坑底时的应力与动物体重的 1/3 次方成正比，如果体重只有几十克，完全没有问题。"

"真的吗？"施密特－尼尔森还是不太相信。

"那我们试试吧。"

福格尔登上杜克大学动物实验楼的顶层（我记得是六层）。

"我们开始吧。"

他放开老鼠。老鼠一下子落到了楼下前来观看的人们面前，它挣扎了一会儿，马上跑掉了。

预测被实验证明了。

老鼠从屋顶掉下来也平安无事，可是我们跳下去就是自杀。因此，体型大的动物才会谨慎地行动，从而弥补骨骼强度不足的缺点。

动物的姿势也会依据体型的大小有所变化。看看老鼠和猫就会明白，小动物走路时腿部弯曲幅度大，这是准备逃跑的好姿势。棒球比赛中，内野手屈膝、弯腰防守也是这个原因。只不过这种姿势会给腿骨施加弯曲的力。

而体型大的动物会伸直腿来支撑身体。它们的骨头耐压缩，但在面对弯曲力时相对脆弱，因此大动物牺牲了敏捷性，采取了不易骨折的行动姿势。

与小动物相比，大动物的骨骼更加脆弱。体重100克的动物从很高的地方掉下来没事，体重1吨的动物即使飞奔也不会骨折。但是像大象这般体重巨大的动物就不能跳跃，走路时也得一步一步慎重地挪动。但即使这么小心，骨折的风险也相当高，解剖大象时人们会检查它的骨头，从骨头愈合的痕迹可以看出，大象生前会频繁发生骨折。

第十章
动物的时间和空间

动物的时间和它们的体型也有关系。一般来说，动物的时间与其体长的 3/4 次方成正比。虽然这个说法还有待更有力的证据来证实，但由此可以发现生物世界有趣的另一面。

动物的生理时间与弹性相似模型

前面我们说过，骨骼的形状随着体型的变化而变化。大动物的骨骼相对短粗，那么骨骼是按照怎样的比率变化的呢？

试想一下四条腿的动物，它们的脊柱由前腿和后腿支撑着，头在前端。因此，从整体结构来看，可以粗略地把脊柱看成两端被支撑起来的细长棍子。

两端被支撑起的棍子因为自重，肯定会向下弯曲。工程师把像棍子那样细长的弹性体称为梁。梁的弹性挠度①运用物理理论能够简单地计算出来。棍子变长的话，挠度就会加速地变大。当挠度太大时，棍子中间就会向下垂，情况会很糟糕。因此，为了控制弯曲比例不超过某个限度，假定动物的相对挠度（挠度除以棍子的长度）是一定的，那棍子的长度和粗细又应该符

———————
①指建筑物或构件在水平方向或竖直方向上的弯曲值。

合什么样的条件呢？从结论上说，如果相对挠度一定的话，棍子的直径必须与长度的3/2次方成正比。

用另一种思考方法也能推导出相同的结论：将棍子垂直立起来，如果不改变其粗细，就不能一味地加长棍子。因为变得太长的话，棍子会在自身重力的作用下弯曲变形，这种现象称为压屈。如果棍子变得过长，就会发生压屈，使棍子折断。棍子可以不折断的极限长度由它的粗细程度决定，极限长度与直径的2/3次方成正比（反过来说就是，直径与极限长度的3/2次方成正比）。因此，要使动物的骨骼在不发生压屈的极限长度内，骨骼的直径就应与长度的3/2次方成正比。

对于相似图形来说，即使大小变化，长宽比也不会有变化。相反，若大小变化，比率跟着变化，直径一直保持与长度的3/2次方成正比，就称为弹性相似。具有弹性的物体在大小发生变化时，为了不在自身质量的压力之下变形，直径与长度的比率就会发生变化，这是弹性相似的另一种解释。根据弹性相似，宽度与长度的3/2次方成正比，体重就变为

$$\text{体重} \propto \text{直径}^2 \times \text{长度}$$
$$\propto (\text{长度}^{3/2})^2 \times \text{长度} = \text{长度}^4$$

也就是说，体重与长度的4次方成正比。反之，长度与体

重的 1/4 次方成正比（注意，若根据几何学的相似性来理解，长度应与体重的 1/3 次方成正比）。

假如动物的弹性相似成立，就能证明本书开头阐述的时间和体型的关系。

动物的时间和体重的 1/4 次方成正比。随着体型变大，所花的时间就会变长。表 10-1 中介绍了动物时间的异速生长公式。那么，为什么时间和体重的 1/4 次方成正比呢? 哈佛大学的麦克马洪找到了答案。

表 10-1　哺乳动物时间的异速生长公式

寿命（饲养的动物）	$6.10 \times 10^6 W^{0.20}$
体型生长到 98% 所用的时间	$6.35 \times 10^5 W^{0.26}$
体型生长到 50% 所用的时间	$1.85 \times 10^5 W^{0.25}$
群体内个体数量翻倍的时间	$3.16 \times 10^5 W^{0.26}$
怀孕时间	$9.40 \times 10^4 W^{0.25}$
免疫球蛋白 1/2 的寿命	$8.42 \times 10^2 W^{0.26}$
代谢脂肪的时间	$1.70 \times 10^2 W^{0.26}$
（占体重 0.1% 的脂肪）	
肠的蠕动时间	$4.75 \times 10^{-2} W^{0.31}$
呼吸间隔（呼吸周期）	$1.87 \times 10^{-2} W^{0.26}$
心跳间隔（心动周期）	$4.15 \times 10^{-3} W^{0.25}$
肌肉收缩的时间（趾长伸肌）	$3.17 \times 10^{-4} W^{0.21}$

※ 时间的单位是分，体重 (W) 的单位是千克。由林德施泰特和考尔德测定 (1981)。

假如身体具有弹性，就像用弹簧制作的玩具马，用指头按一下，它就会一蹦一蹦地振动，那么它的振动周期是多少呢？再简单一点，如果只有一根弹簧，假设这根弹簧的弹性相似成立，因为弹簧的长度与弹簧质量的 1/4 次方成正比，所以其振动周期与弹簧质量的 1/4 次方成正比。

　　如果动物的身体像弹簧那样振动，时间就在这种周期中不断流逝，这就是弹性相似模型。这样的说明实在是简洁明快，把这个动物模型看作弹簧振子，虽然条理清楚，但是过于简单，也有脱离现实的倾向。不过麦克马洪是个聪明人，他想出了更现实的模型。下面给大家介绍一下。据考察，不同动物的肌肉所具有的最大应力是一定的。以小腿肌肉为例，不管猫、狗、人还是大象，单位横截面积能使出的最大力是相同的。将这一点和弹性相似的假定结合在一起，就能推导出时间和体重的 1/4 次方成正比的结果（参照附录四）。麦克马洪调查了各种体型的牛的脚骨，论证了骨骼直径和骨骼长度之间的弹性相似关系成立。一九七三年，麦克马洪的弹性相似说一经发表，异速生长之谜一下子就解开了。

　　此后，以亚历山大为首的众多学者也开始调查骨骼直径和长度的关系。弹性相似真的成立吗？在麦克马洪所调查的不同种类的牛中，弹性相似确实成立，但这只是例外，其他的哺乳动物和鸟类似乎不是这样，它们更接近几何学上的相似关系，麦克马洪的说法也就没有被学界接受。因此我们还无法就时间与体重的 1/4 次方成正比这一点作出明确的解释。

时间和空间的关联性

动物的时间与体重的 1/4 次方成正比，也可以说与体长的 3/4 次方成正比，我认为这是个很重要的事实。

人上学后首先学会的一件事，就是通过看时钟来掌握时间，根据时间确定该干什么，而不是肚子饿了就吃饭。饭不能想吃就吃，它有固定的时间。不仅人如此，昆虫、植物、动物以及自然界都必须遵循这个规律。时间就具有这样的权威性。

但是，动物学却告诉我们，时间不是一成不变的东西。动物界有一个依据体型而变化的时刻表，不能用人类的时刻表简单衡量动物的时间。

动物的时间与体长的 3/4 次方成正比。可以说动物就是这样被"设计"出来的。动物的"基本设计图"在进化过程中完成，其中一个设计就是时间和体长的关系。长度属于空间单位，因此这个关系和时空有关。体长和时间的关系是动物学中一个很基础的知识，但很多人都不知道。另外，这一关系的原理目前还不太清楚。我认为有必要认真考虑一下它在动物学上的意义。

实际应用这个关系，会出现什么情况？

思考动物的特征时，我们决不能忘记这个关系。要知道，依据动物的原理设计机器人时，也需要配合体长决定行走速度。当然，即使不这样做，机器人也能工作。但是考虑到这一点，或许能发现某些未知的事情。我不知道机器人的性能能否改进，或许它的性能不会发生什么变化，但使用者可能会觉得机器人更具人情味、更人性化。这或许就是因为考虑到了机器人体长与行走速度的关系。人看似对尺寸很不敏感，但也具备这种感觉。如果建好一栋大房子马上拆掉，就会觉得难以割舍，而要是换成小小的房子，就会相对干脆地接受，我想也与这种心理有关。

时间与体长的3/4次方成正比，对于动物来说，这意味着时间和空间要保持一定的关系。接下来看看时间和空间两者的关系。

回想一下前面提到的雷诺数，科学家在设计新型飞机时，首先会按照设计图制作出实物模型，然后用风洞测试飞机性能。

飞机的大小不同，空气的流动方式与施加给机体的力也不同。或许有人认为利用模型做实验是无奈之举，实际上，按照模型的长度调节风洞的空气速度，使其雷诺数和实际情况相同，那么模型周围的空气流动方式也和飞机实际飞行时周围空气的流动方式相同，因此模型实验是有效的。

雷诺数是惯性力和粘滞力的比。比值相同的话，即使体型发生了变化，几何学上相似的物体周围的空气流动方式也不会改变，施加给物体各个部分的力量也相同，这叫作力学相似。

雷诺数与"长度×速度"的值成正比。速度与时间有关，若雷诺数相同，不论体型如何，情况都是一样的。在流体力学里，时间和空间也是相关的，而雷诺数是有关体型和时间的公式。

那生物当中有没有相当于雷诺数这样的东西呢？恐怕找不到。如果这个值是相同的，那么体型不同的生物也能同等地对其时间的"分量"进行比较。但大概无法找到这样的公式，也无法找到一种类似力学相似的相似关系。

动物是因为运动才被称为"动物"，运动是动物最大的特征。运动方式很大程度上决定了动物的体型。为了理解运动，必须测量时间、空间、力这三种量。对于动物来说，不管是时间、力，还是体型（空间），任何一种量发生变化，它们都会以某种关系发生变化。这难道不能说明三者之间存在某种相似关系吗？

于是人们就想到，当体型变为 a 倍时，时间就变为 b 倍，力变为 c 倍，通过这个方法寻找 a、b、c 之间的关系，尝试导出对应的雷诺数的值，这就是刚才介绍的麦克马洪的弹性相似模型。遗憾的是这样的尝试没有成功，这是个值得认真研究的课题。

人类用三维空间和时间的知识来认识"存在"。在这一过程中，人们理所当然地把时间轴和空间轴看作独立的量。如果突然有人说，时间和空间是相关的，就会觉得很奇怪。

但只要静下来想一想"力学相似"的概念，就能理解时间和空间是有某种关系的，因此没有必要感觉奇怪。

在此补充说明一下"相似"的概念。人类不以某种相似为基础，就无法认识自然界。自然科学这门学科要做的，大概就是找出自然界中的模型（相似性）。假如能理解这个观点，就会认为时间和空间相关联的想法是符合实际的。

为了更好地理解动物，必须要了解空间、时间和力三者的关系。而人是视觉主导型的生物，能很好地认识空间，看到不同体型的动物的区别，但对时间的感觉并不发达，看到时钟才能分辨"现在是几点"，而且对力的感觉也很模糊。

人们通过眼睛使周围的世界再现在头脑中。当然，人也有时间感觉，可以再现时间，对时间轴有概念，但无法精确地计算时间。

人类头脑中的时间轴仅仅是自己固有的时间轴。可以说人的时间观念是独立于外界而存在的。正因如此，人很容易坚信时间是绝对不变的东西。

如果人的感觉发达，就能根据对象物设定各种时间轴，以不同的视角看世界，自然会发现时间和空间的关系。但是人的感觉不太发达，会用"想象力"弥补不足的部分。

可是，在和其他生物交流的过程中，在头脑中描绘各种生物的时间轴，难道不是"支配地球"的人类的责任吗？我觉得启发这种想象力也是动物学的重要工作之一。

第十一章
细胞的大小和结构

细胞是构成生物的基础单位，那细胞是基于什么原理被制造出来的呢？动物细胞的构造和植物细胞的构造有什么不同？它们各有什么优点？通过细胞的大小来研究动物和植物的区别，会有很有意思的发现。

细胞的大小由什么决定

或许有人会有这样的疑问：大象的细胞也比较大吗？还是不管是大象还是老鼠，细胞大小基本没有差别？答案是没有差别。大象体型大，是因为细胞数量多。不同种类的动物细胞的大小基本相同。

虽然统称为细胞，但是身体中的细胞各种各样，既有脑细胞，又有表皮细胞、肝细胞等。各种细胞的大小基本一样，直径约为 10 微米。多样化是动物世界的特征，为什么细胞的大小却没什么差别？这一点令人吃惊，也让人觉得不可思议。

教科书上一般会说，动物的身体由细胞构成，通常还放上一张中间有细胞核的细胞照片。为什么生物是由细胞这么小的单位构成的？为什么细胞中间会有细胞核？

细胞核中含有遗传信息，是生物最重要的部分。遗传信息有一组就够用了，但每个细胞都有细胞核，而且每个细胞核的遗传信息完全相同。人体大约有 100 万亿个细胞，当然就有同等数量的细胞核，真的需要这么多重复的信息吗？

换个角度考虑一下，假如我们的身体由一个巨大的细胞组成，这个巨大的细胞只有一个细胞核，核内有遗传信息，按照遗传信息在核内制造 RNA。RNA 是蛋白质的"设计图"，它会被运送到身体每个角落。

这样，生物就需要一个能把 RNA 送到身体各个角落的运送系统。RNA 是不能依靠扩散来运送的。前文已经论述过，即使是像氧那样的小分子，通过扩散运送的最大距离也只有 1~2 厘米。像 RNA 这样的大分子，扩散系数只有氧的 1/100，所以最大的扩散距离是几十微米。这样一来，整个身体中必须遍布运送系统。

制造这种运送系统的效率大概不会很高，所以生物选择了别的办法，也就是制造出很多细胞核，使身体的每个角落都有细胞核。这样即使没有特定的运送系统，RNA 也能通过扩散完成运送。

但如果仅仅在身体各处散布细胞核，可能会产生核之间距离过远或过近的问题。为了解决这个问题，只要用同样大小的"袋子"包住细胞质，再在中间放入一个细胞核就可以了。

"袋子"的大小（也就是细胞的大小）没有太大的选择余地。杜克大学实验室的人员想到了如下的模型：细胞呈球状，中间由细胞核制造的"信息"（RNA 或其他信息）呈放射状扩散开，那么可以想到，细胞质若不持续接受定量的信息，就不能存活。利用这样的模型，通过简单的计算可以得出，细胞质需要的总信息量与细胞直径的 5 次方成正比。另一方面，细胞核的信息生产能力与细胞核的体积成正比，即可以认为它与细胞的体积成正比，所以信息的生产量就与细胞直径的 3 次方成正比。

信息的需求量是细胞直径的 5 次方，信息的供给量是细胞直径的 3 次方。需要 / 供给的值与直径的 2 次方成正比。可以预想，即使直径发生了微小的变化，供需平衡也会发生很大变化。细胞的直径即使增加一点，信息生产能力就赶不上消费能力；若细胞的直径稍微变小，就会因为供给太多信息造成浪费。

细胞的大小是由细胞核的信息生产能力和扩散速度决定的，最大值约为 10 微米。当然小于这个标准的细胞也能生存，但若是太小的话，细胞核信息的供给就会超过需要，造成浪费，动物是不会做这种事的。

以上是我对"动物为什么划分出细胞这个小单位"，以及"细胞为什么一样大"这两个问题的回答。

很多单细胞生物的体积都大于 10 微米。如果一个细胞需要实现很多功能，就不得不变大。这种大细胞内部拥有特殊的运送系统。草履虫是我们熟悉的单细胞生物，其体内铺有用微管制作的运送轨道，有些种类还拥有两个细胞核，以满足身体变大的需要。

动物细胞也有例外，有一些个体很大。神经细胞因为担负着向远方快速传递信息的任务，所以必然是长条形的。从脊髓到脚，可以看作是由一个神经细胞连接起来的，长度约几十厘米，这么大的细胞当然具有内部运送系统。神经细胞的长突起（轴突）中，铺着用微管构成的轨道，神经递质的颗粒顺其流动。这种流动称为轴突流。

植物和动物的不同"建筑方法"

细胞内的液体流动中，最有名的是植物细胞内的细胞质流动。打开大学的教科书，一定会有使用紫鸭跖草观察细胞质流动的实验，很多人都看过细胞质的流动。其流动速度相当快，叶绿体和线粒体等都滴溜溜地沿着细胞边缘转动。

为什么要采用紫鸭跖草来观察细胞质流动？为什么要使用植物细胞而不是动物细胞进行观察？对于这种朴实的疑问，教科书上没有给出答案。实际上，只要从体积的角度思考一下就会明白。

动物细胞和植物细胞的大小不同。动物细胞的直径是 10 微米，植物细胞要大得多，直径有 50 微米，所以仅靠扩散运送是不行的，需要"积极搅拌"，这就是细胞质流动。植物细胞内铺有由肌动蛋白组成的"轨道"，细胞质沿着它流动。

为什么同样是多细胞生物，植物细胞和动物细胞的大小会有5倍的差别？这个问题虽然朴实，却很重要。

用显微镜观察植物细胞，可以发现它和动物细胞有很大的不同。首先，植物细胞的最外层有完好的细胞壁，动物细胞则没有。再观察细胞内部，会发现动物细胞正中央一般都是细胞核，而植物细胞的中央被巨大的液泡占领，细胞核被塞入液泡和细胞壁之间极小的空间里。植物细胞有液泡和细胞壁，这是它和动物细胞不同的地方。

动物和植物的"身体建筑法"不同。我认为这种不同与液泡和细胞壁有关，与细胞的大小也有关。接下来具体叙述一下。

动物的骨骼勾勒出了身体的形状，以重力为首的外力作用于骨骼上。而骨骼主要是由细胞分泌物构成的。因此，一旦骨骼发育完全，那么动物的形状就与细胞无关了。

我们来看一下脊椎动物。动物的身体形状基本是由骨骼决定的。骨骼像石头一样没有生命力。虽然骨骼内分布着活的细胞，但绝不是因为细胞在骨骼中发挥作用，才使骨骼保持一定的形状。骨骼的大部分是没有生命的物质。骨骼上覆上皮，从外表看来就是脊椎动物了。表皮也基本是由细胞的分泌物组成。

联想一下有柱子和梁的建筑物，只需要墙壁、柱子和梁的支撑就足够稳固，中间可以放家具等，脊椎动物也一样。细胞能自由地占领皮肤和骨骼之间的空间。

其他动物的情况也差不多。像昆虫的外骨骼，一般是由几丁质等细胞分泌物组成，而像蚯蚓那样没有外骨骼的动物，拥有流体静力骨骼。

动物的骨骼支撑着身体，具有保持身体形状、维持身体姿势的作用，而细胞和这样的功能无关。相对于动物利用骨骼做成"柱子"和"梁"，植物是利用"砖"建造。每一个细胞就是一块砖，植物会不停地把"砖"一块块摞上去。

这两种不同的"建筑"方法，决定了动物和植物在运动程度上的区别。对于骨骼建筑来说，柱子和梁的连接处为关节，能够弯曲回转，因而身体能移动。而对于细胞建筑来说，砖被粘在一起，身体不能随意转动。

骨骼建筑的运动性很强，想想地震就会明白了。骨骼建筑在一定幅度内摇晃是没有问题的，但若是细胞建筑，就会变得支离破碎或整体坍塌。回想起在宫城县地震中我家砖墙倒塌的情景，就会明白砖砌建筑在日本很少见的原因了。

但是很难完全淘汰砖砌建筑，因为它也有自己的优点。比如建造起来很容易，只要不停地往上摞砖块就可以，非常简单。利用这种方法能制造出金字塔和大教堂那样巨大的建筑。但若是骨骼建筑，柱子的粗细和长度是有限制的，因此动物的体型是固定的。

植物不用移动，所以采取砖砌建筑法，这样很容易就能变大。因为是由一块块"砖"支撑着身体，所以植物的每个细胞都有保持身体形状、维持姿势的责任。植物细胞必须适应这样的要求，动物则不必。这是植物细胞和动物细胞一个很大的区别。

植物细胞的细胞壁由纤维素构成，张力很强。另外，植物细胞内部有很强的压力。而具有这两个特点的细胞，就像用弹性很强的纤维编成的袋子一样，在里面装上水就可以作为"砖"使用。它耐压缩又具有张力，是非常好的建筑材料。

植物是利用太阳光进行光合作用而生存的。接收光的面积当然越大越好，长得高就不会被其他物体遮挡住。因此，枝叶大一些比较有利。为了使枝叶变大，就得使每块砖变大，或者增加砖的数量。但制作细胞质和细胞壁是要花成本的，但不这样做又无法让枝叶变大。

其实有更高明的方法，就是扩大砖的体积。比如在细胞的中央放入装满水的小袋子，从而增大细胞的体积。这个小袋子就是液泡。

那液泡是不是只是个填充物？实际上，植物想出了更多的办法，液泡内不仅有水，还有各种各样的物质。比如含有生物碱和配糖体等毒素，这样一来，只能待在一个地方不能逃跑的植物也能防止被动物吃掉。另外对于不能走路去"上厕所"的植物来说，液泡就是代谢物的排泄场所。溶解这些物质后，液泡会产生很强的浸透压，从周围吸收水分不断膨胀，从而产生对抗压缩力的力量，以支撑身体。

这里所列举的液泡功能都与植物不能移动有关系，发达的液泡是区分植物和动物的特征之一，这和能不能移动有很大的关联。

使用液泡是非常高明的方法，但细胞的体积不能无止境地增大。我们知道，液泡的直径和其内部压力成反比。若直径增大，外部压力就会相应增大，液泡容易破裂。

粗略地讲，植物细胞就像一个气球，四周是空气，内部装满水。我们吹气球时，刚开始必须用力吹气，等膨胀到一定程度时，气球就很容易吹大。因为直径越大，膨胀压力就越小。植物细胞也是这样。细胞的体积越大，能抵抗的压缩力越小。为了抵抗压缩力，细胞的体积不能过大。

我们详细看一下小袋子的半径（r）和其内部压力（p）的关系。假设袋壁的厚度是 t，壁的应力是 s，那么 $p=2ts/r$，这被称为拉普拉斯公式。p 和 r 成反比。

但像刚才考虑的那样，假设细胞壁的厚度是一定的，那么 $4\pi r^2 t=C$，代入之后，公式就变为 $p=sC/2\pi r^3$，内部压力与半径的 3 次方成反比。因此，若细胞体积增大，细胞能承受的压力就会急速变小。可以想象，细胞超过某一体积后就不能随意变大了。那是不是就可以认为，植物细胞的大小是由以上条件决定的？

同样是植物，一些生长在水中的藻类却有巨大的细胞。细胞质流动研究实验中所使用的轮藻，以及细胞核移植实验中的绿藻等，都因为细胞大而受到研究者的青睐。在冲绳的珊瑚礁上，经常看到的管枝藻和法囊藻，虽然它们的直径只有1~2厘米，但体内的细胞却非常巨大。这是因为水有浮力，细胞基本被浮力支撑，其自身要承担的力很小。在这种条件下，植物细胞会变得很大。

但为什么同样是生长在水中，却没听过鱼和鲸的细胞达到几厘米？这是因为动物细胞内物质的扩散速度会制约其体积，使细胞大小被限定在一定范围。而植物细胞则是受力学条件的制约，二者的制约条件完全不同。我认为这是植物和动物细胞不同的原因。

在此说明一下植物和动物循环系统的不同。动物和植物向全身运送物质的系统是完全不同的，但和细胞内部运送系统的不同又有区别，与细胞的体积有很大的关系。

藻类的巨大细胞是由几个细胞融合而成的。植物细胞中，相邻细胞的细胞壁上有洞，经常能看到细胞连在一起的现象。我认为植物细胞变大，就是一个不停地去掉细胞壁，从而合并为大细胞的过程。

植物中还有导管等运送系统，这样水分和养分才能从根部运送到叶的尖端。在植物的运送系统里，上下两个细胞的连接处都有洞，细胞之间互相连接，物质通过这种管道运送。也就是说，物质在细胞内移动，这和动物的运送系统（循环系统）——血管的工作方式完全不同。在血管里，细胞围成中空的管道，物质通过管道移动，也就是在细胞外移动。

植物和动物的运送系统为什么会有这么大的不同？植物细胞具备细胞内的运送系统，动物细胞却没有。若能在细胞内部进行运送，就能利用它形成全身的运送系统。只要在细胞的顶部和底部开洞，把细胞连接起来就可以了。所以我认为这种运送系统中的细胞应该是又长又大的。另外，这种方法和植物的砖砌建筑法也不矛盾，后者仅仅是给部分"砖"上打了个洞。

另外，动物细胞虽然没有细胞内运送系统，细胞的外侧却有一个"泵"用来运送物质，也是很方便的。

接下来我们针对进化结构谈一谈。我们看到，动物和植物在创造新物种时采用的方法也不同，我估计这也和细胞的大小有关。

植物染色体加倍的现象很常见，这种植物被称为多倍体。多倍体的植物细胞比较大，器官也会增大，植物整体也会变得很大。因为花和果实大，所以在种植业和园艺中，多倍体植物并不少见。小麦、棉花、烟草、土豆、香蕉、甘蔗、咖啡等重要的栽培植物都是多倍体，樱草和仙客来等也是多倍体。多倍体植物有强大的环境适应力，分布地域很广。育种家经常利用多倍化的方法，培育出果实很大的新品种。那为什么植物会频繁发生多倍化现象，而动物却很少有多倍化的现象呢？

前面我们讨论了植物细胞的耐压性，这是以细胞壁的厚度一定为基础来思考的。如果能使细胞壁变厚，植物细胞就可以变得更大。但在这个过程中，为了制作细胞壁，还要增加一些必要的活性细胞成分，比如基因的数量。多倍化就是为了适应这种需要而产生的。基因位于染色体上，如果想增加基因，最迅速、最直接的方法就是使染色体的数量加倍。

多倍体在植物中频繁出现，是因为它和细胞体积紧密相关，细胞体积的增加对于植物来说是有好处的。细胞变大意味着建筑用的砖变大，大的细胞会形成更大的枝叶，不管是接收光还是吸收养分都很方便。

在动物细胞中基本看不到多倍化现象，即使出现了，基因的数量不断增加，细胞的大小也基本不会改变，这就造成了浪费。因此单纯增加染色体数量的进化机制不成立。所以动物细胞的大小和动物体型的大小没有关系，而且动物身体变大也不像植物那么有利。

据说超过30%的被子植物是通过多倍化产生的。多倍化是植物进化的重要机制，但是动物不使用也不能使用这个机制。

第十二章
昆虫的秘密

　　自然界的昆虫中，很多都有坚硬的壳，这种身体构造有什么好处？它是由什么特殊材料制造的？对于昆虫的生活有什么影响？为什么昆虫幼年时和成年时会有不同的形态？

昆虫成功的秘诀

到目前为止，我们谈论的都是脊椎动物，主要是哺乳动物。下面我想谈一下在身体构造和生活方式上和哺乳类不同的动物，它们的生活方式和体型也有很大的关系。

说起常见的动物，首先会想到昆虫。迄今为止，人类已知的动物有一百多万种，其中 70% 是昆虫。从种类数量来说，支配地球的应该是昆虫，那么昆虫种类为什么会这么多呢？

这与它们的体型有关。像昆虫那样小的动物，短时间内就会发生多种变异。这是体型小的长处，而缺点就是容易受外界环境影响，特别是怎样抵御干燥这个大问题。生活在陆地上的动物，只有鸟类、哺乳类、爬虫类以及昆虫。其中昆虫的体型最小。抵御干燥对小型动物来说是非常重要的事情。如果体型一定，表面积很大的话，身体中的水分会不断从身体表面流失。有很多小生物选择生活在水中，蚯蚓和线虫等则生活在土壤中，因为泥土中湿度很高。

昆虫用壳覆盖住身体来解决干燥问题，这种壳被称为角质层，表面附有蜡，不透水。

角质层是昆虫的生存秘诀，它由几丁质构成，非常坚硬，而且很轻。有这种结实不透水的角质层包住身体，昆虫才能忍耐干燥，也能对抗来自捕食者及外界的袭击。

关于捕食者再补充一点，昆虫会被鸟捕食，这是自然规律，是没有办法的事。但对于与昆虫大小相近的捕食者，角质层能成为很好的防御手段。

另外，角质层可以使昆虫获得强大的运动能力。利用这种轻便结实的材料可以制作出敏捷的长腿和轻薄的翅膀。一般来说，行走速度和腿的长度成正比。而长腿是利用了杠杆原理，能够带动肌肉，扩大步幅。杠杆一般用在抬重物的时候，其实只要改变一下使用方法，就能提高速度。我们的手脚就是通过杠杆的原理提高了速度。

人类的腿内侧是坚硬的骨骼，四周包裹着肌肉。而昆虫刚好相反，昆虫的腿内侧是肌肉，外侧是坚硬的外壳。覆盖在昆虫腿外侧的壳称为外骨骼，而骨骼在身体内侧，称为内骨骼。

昆虫的腿和我们的腿一样也有关节。没有关节，身体就不能自由移动。骨骼在肌肉的巨大压力下不会弯曲，能够传递力量，同时可以作为杠杆提高运动速度。但骨骼必须依靠关节才能自由屈伸，达到以上的效果。能快速运动的动物的特征之一，就是由关节将骨骼连接起来。不论是外骨骼还是内骨骼，在这一点上都是一样的。

　　昆虫的角质层能依据不同的方法，既可以变得坚硬，又可以变得柔软。人类的骨骼很硬，必须通过关节连接，再和其他组织及肌肉结合起来。但对于昆虫来说，只要使角质层变得柔软，它就能成为关节。昆虫的身体一般由几个关节连接，每个关节的连接处都有柔软的角质层，因此昆虫能够弯曲或伸展身体。

　　昆虫用角质层的壳来保护身体，也用它来抵御干燥，同时又用它作为支撑身体的骨骼系统。像这样同一物质身兼数种功能的现象经常在小动物身上见到。虽然体型越小、细胞越少，但身体应有的功能与大动物相比却一点没少，就是因为某些结构能身兼数职。除了以上这些好处，昆虫的角质层壳还能有效节省空间。

　　工程师将像昆虫那样，通过覆盖在外侧的构造来支撑建筑物的方式，称为硬壳式构造。硬壳式构造和利用柱子、梁建造的建筑物，以及脊椎动物的骨骼构造不同，不适合支撑巨大的质量，但能抵御拉力和扭转力，很多飞机的结构都是硬壳式构造。因为飞机的载重量不大，与支撑身体相比，机翼和机体能否承受不稳定气流带来的扭转力才是大问题。小型汽车中也有采用硬壳式构造的部件，但大卡车一定要采用"骨架组合"结构，这种结构适合支撑大的压力。

像昆虫那样的小动物采用硬壳式构造是可以理解的，因为它们的体重很小，即使做一些杂技般的动作，也不会骨折，而体型大的脊椎动物不会采用硬壳式构造。

气管的威力与蜕壳的危险性

昆虫的一大特征就是飞行。在陆地上行动时，动物体型越小，活动的范围就越小，飞的话情况就不一样了。以鸟的例子来说，飞行的距离似乎与体型没有关系。正因如此，体型很小的燕子的飞行距离与鹤和天鹅相比也不逊色。飞行几乎不受体型大小的制约，对小动物来说是好事一桩。

和奔跑相比，在同样的距离下，飞行消耗的能量要少，因此飞的范围要大很多。在同样的距离和时间内，飞行的速度更快，而且更节省能量。

短时间消耗许多能量意味着需要很多氧。昆虫"表面积／体积"的值很大，氧应该能通过体表大量进入身体，但是昆虫用不透水的壳覆盖住了身体，这样一来，氧就不能从体表进入了。

如果有脊椎动物那样的肺和循环系统，也可以提供足够的氧气，但事情没那么简单。因为对于循环系统来说，体型越小心率越快，心脏的负担就会很大。快速跳动的心脏利用极细的血管运送血液，血液黏性会带来阻力，血液便无法顺畅地循环。

肺也会带来问题。血液在肺里进行气体交换，释放氧，带走二氧化碳，同时也会从血液中带走水分。本来是想用肺吸入氧，给身体运送新鲜的氧，结果却导致身体失掉了很多水分，这样好不容易通过角质层留住的水就毫无意义地浪费了。

因此昆虫发明了气管。昆虫的身体表面有好几对小洞，这是气管口，气管从这里逐渐分支，深入身体内部，一直通到细胞表面。这一系列结构称为气管系统。气管口也覆盖着角质层，使水分不会通过管壁流失。只有气管和组织连接的部分没有角质层覆盖，空气在这里进行交换。

气管和脊椎动物的呼吸系统是完全不同的组织，利用气管可以把氧运送到需要的细胞中。管道中不是积满水，而是充满空气，这正是这个构造的巧妙之处。氧在空气中的扩散系数比在水中大一万倍，因此即使不进行搅拌，仅仅依靠扩散也能快速运送。这是因为肌肉等组织消耗氧后，体内和体外的氧会产生较大的浓度差，氧就更容易扩散。而且气管中的空气没有被搅动，水分几乎不会损失。

气管的最小分支进入组织，这部分气管（称为微气管）的粗细与昆虫的体积无关，直径均为0.2微米。这是空气中氧分子自由移动距离的2倍。这意味着微气管更细的话，氧分子冲击管壁的频率就会变高，扩散速度可能会降低。那么如果微气管变得更粗会怎样呢？这样的话，气管内的空气就容易被搅动，可能会损失水分。因此，微气管的粗细也是根据相应的物理原因进化而来的。

利用气管，仅仅依靠扩散就能运送氧。像肺那样把气体交换限定在特定的场所，就无法依靠扩散运送，必须进行搅拌。但这样一来，水分就会有所流失。

循环系统并不只是运送氧，还要运送营养物和体内的废物，因此昆虫也有循环系统。只不过它是个开放的系统，也不像脊椎动物那么完善。只要氧的供给没有问题，循环系统就没有必要那么完善。昆虫体内糖的浓度比哺乳动物高几十倍，可以让性能较差的循环系统在飞翔等剧烈运动中，供给身体足够的燃料。

气管系统是在陆地生活的昆虫的一大发明。但气管系统如果真的这么好，为什么体型更大的陆地动物不使用呢？实际上，除了昆虫，其他动物没有使用气管的，为什么呢？另外，昆虫体型再大，也仅有独角仙那么大，为什么没有更大的昆虫呢？解开这个疑问的钥匙也在气管。

昆虫每成长一次就要蜕一次壳。如果全身一直被硬壳覆盖，想变大是很困难的。所以它们蜕掉旧壳使身体膨胀，然后重新制造外壳。外骨骼能给昆虫提供各种各样的便利，但也带来了蜕壳的麻烦。一般有外骨骼的动物都存在这类问题。

蜕壳伴随着浪费和危险。制造一个壳需要的时间和成本是不可小觑的。而且蜕壳后身体柔软，很容易被捕食者捕获，非常危险。蜕掉外骨骼这个过程更是伴随着危险和困难。外骨骼上覆着很多东西，包括细细的胡须和毛，蜕掉需要相当高超的技术，弄错一步就很危险。我们经常看到因为不能顺利蜕壳而死去的昆虫。

身体深处的气管也要蜕掉。气管从身体表面一直延伸到身体内部，是外骨骼的一部分，因此在蜕壳的时候也必须完全蜕掉。当你看到那些分支的气管后，一定会很感动，昆虫居然能完成这么艰难的事情。

气管的总长度与"组织量 × 距体表的距离"的值成正比，这与体重的 4/3 次方成正比，也可以说与体长的 4 次方成正比。体长变为原来的 2 倍，气管的长度就变为原来的 16 倍，随着体型增大，气管的长度不断增加。因此体型越大，蜕掉气管越困难，所以到了一定程度，昆虫就不能再变大。我认为是蜕掉气管的难度限制了昆虫的体型。

昆虫体型的限制不单是由于蜕壳困难，也有气管的原因。例如龙虾和蟹，它们属于甲壳类，是昆虫的亲戚，也有角质层的外骨骼，每次成长都要蜕皮。但龙虾和蟹生活在水里，没有气管，所以体型比昆虫大得多。

昆虫只吃草吗？

上面我们谈到，昆虫由于有气管，尽管体型小，在陆地上干燥的地方，它们也能利用飞行这种短时间内消耗能量少的行动方式生存。但昆虫并不是生下来就会飞，比如蝴蝶是从青虫变为蝴蝶后才开始飞。昆虫的一大特征就是变身（变态）。为什么会这样呢？

一说起昆虫，总感觉是农作物的头号杀手。日本的昆虫研究主要与农业有关，大学的昆虫学研究室也归属于农学院。昆虫和农业有如此紧密的联系，是因为昆虫以蔬菜、谷类及树叶为食。

以植物叶子为主食的动物并不多。主要是昆虫和哺乳类。体型小的生物很耐干燥，能在摇晃的树叶上慢慢进食。蜓蚰和蜗牛也吃草，但多在潮湿的地方活动。大部分昆虫则格外耐干燥，活动范围大得多。

哺乳类也有以草为主食的大型动物。草的营养价值很低。前一章介绍过，植物细胞由较厚的纤维素细胞壁和大液泡及细胞质组成。动物不能消化纤维，液泡又含有毒素，所以草吃下去之后，能为机体提供营养的只有少量的细胞质，如果仅仅以草为食，摄入量就非常庞大。

记得小学三年级的时候，我观察到青虫在笼中以惊人的速度吃卷心菜叶，还砰砰地拉下又大又圆的绿色粪便，非常吃惊。大概吃那么多不能消化的纤维素，就必须不断排出那样的粪便吧。吃叶子真是效率低下。

一般体型较小的草食哺乳动物并不是只吃叶子，还吃有营养的果实、种子及块茎（比如红薯）。从它们的平均体重来看，因为需要较多食物，很难依靠吃营养价值低的叶子生存。

体型大的哺乳类除了从草中摄取营养，还会采用其他巧妙的方法。比如牛和山羊这样的反刍动物，有好几个胃，里面共生着单细胞生物和细菌。这些共生物能分解纤维素使之成为营养。因此同样是吃草，同只吸收了细胞质而扔掉其他物质的哺乳类相比，反刍动物的情况完全不同。也是因为它们体型够大，能够装下巨大的胃，才能拥有反刍这种绝技吧。

几乎所有的鸟都不吃草，观察一下天鹅等动物，会发现这种草食性的鸟类只吃果实或谷物。这和飞行有关。因为吃叶子意味着要大量摄取营养价值低的食物，这样胃就会变重，不利于飞行。

这个道理也适合昆虫。昆虫在不会飞的幼虫时期吃草，会飞之后就不再吃草，而是吃花蜜和树液等有营养的液体，这些类似饮料的东西好吸收，昆虫就不至于拖着沉重的胃飞行了。

那为什么昆虫不从幼虫时期开始飞行、吃花蜜呢？这是因为草很常见，哪儿都有，而花蜜却不容易找到。

昆虫的生存秘诀就在于它们会利用很常见，但其他动物不会食用的草。但这样会加重胃的负担，牺牲运动的灵活性。要是一只虫子把一棵草都吃完了，那么虫子和草就都会死去。让像青虫那样行动缓慢的虫子不停地去寻找新的草是不现实的。因此可以推断，昆虫为了让一棵草就能满足生长需求，才将体型控制在如此微小的程度。

但是，像青虫那么慢的移动速度不利于寻找新环境繁殖后代，因此要等吃草长大后，变身长出翅膀。有了翅膀之后，昆虫能飞很远，从而找到有利于下一代生存的草丛产下卵。幼虫不用怎么动就能有好的成长环境，父母会替它们选择。

昆虫以变身为分界点，变换食性和行动方式。它们在幼虫期不怎么动，只需要进食。这时胃重一点也没关系。变身后，飞成为最主要的行动方式，这时只选择易消化的食物。

在本章结束前，我想解决几个疑问。现在，生活在陆地上的动物中，没有哪种动物能通过自己的力量消化植物纤维，这多少有些不可思议。动物在进化的过程中产生了非常丰富的物种。昆虫类也有很多种类，很多形状，能适应各种环境。理论上应该会出现拥有能分解纤维的酶（纤维素酶）的种类。但实际上并没有出现这样的动物，这是为什么呢？

我认为关键因素是植物的细胞壁。虽然叶绿体是植物的生命源泉，但我们可以认为细胞壁是植物存在的基础，这两者共同促进了植物生存发展。正因为植物能制造纤维素构成细胞壁，才能从大海中进化到陆地。细胞壁能抵御干燥、支撑身体。也正因为有细胞壁，植物虽然不能自由移动，却不会被陆地上的动物吃光，才形成了现在覆盖着大地的绿色美景。

纤维素是一种大分子多糖物质，如果可以分解，将成为非常好的营养物质。动物无法分解纤维素，证明植物在纤维素上设置了极其巧妙的机关。细胞壁纤维不能被分解的特点，使树木成为一种很好的建筑材料，这是植物的伟大发明。今天我们用木头建房子就是受它的恩惠。

对昆虫来说，如果拥有纤维素酶，就能分解细胞壁纤维，占领整个陆地。但如果掌握不好，把植物吃光，或许就会把自己推向灭亡。这样纤维素酶就成了像原子弹那样的武器。那么将来会出现拥有纤维素酶的昆虫吗？

第十三章

利用光的珊瑚

　　在很多人看来，珊瑚更像是植物而不是动物。其实，珊瑚是由一个个小小的珊瑚虫经年累月聚集而成的，特殊的身体结构和获取食物的方法，使它们能够在海底存活数千年，甚至数万年时光。

珊瑚是如何生存的？

到目前为止，我们都将视点放在动物身上来讨论体型问题。本章我们将讨论一下不动的生物。

说起不动的生物，主要是树和草。只要有阳光，树和草便可以通过光合作用制造食物。动物要动的最大原因，就是寻找食物。

动物中也有像树一样的物种，比如珊瑚。石珊瑚属于腔肠动物，因为它会制作礁石，所以又被称为造礁珊瑚。另外还有宝石珊瑚、柳珊瑚等，将在后文出场。

我们经常看到珊瑚的照片和影像，应该对它很熟悉。在大海中，天蓝色和柠檬色的鱼群穿梭在珊瑚间，就像鸟儿在树林间飞过一样，不禁让人觉得珊瑚就是海中的树木。实际上，虽说珊瑚是动物，它们却以植物的形态生活着。

珊瑚的身体中共生着大量称为虫黄藻的单细胞植物，这种共生藻把利用光合作用制造出的食物大方地分给珊瑚。也就是说，珊瑚在身体中培养起了自己的"农场"，因而没有必要为了寻找食物四处走动，它们固定在海底，只要晒晒太阳就能得到食物。

珊瑚和树一样需要阳光，外形和树也很像，也有像树一样的枝干和叶子的形状，这样就可以尽量扩大接受阳光的面积。

珊瑚会长得很大，有的甚至高达几米。体型大对于珊瑚是很有利的，长得越高就越不会被其他物体遮蔽，这点也和树相同。

植物使用的是砖块累积建筑法，珊瑚也采用这种方法。只不过在植物身上，一块砖是一个细胞，在珊瑚身上一块砖则是一只珊瑚虫。我们看到的珊瑚是由许多个体聚集而成的，个体的大小从几微米到数厘米不等。这些个体聚集起来，就成为整块的群体，如图 13-1 所示。

每一整块群体其实都是从一个珊瑚个体开始的。珊瑚虫会在海中产下卵，和精子结合后成为受精卵。受精卵不断进行分裂，成为长着纤毛的浮浪幼虫，之后在海中漂流。几周后幼虫沉入海底，固定在海底长成一个珊瑚水螅体。它在身体周围分泌出石灰质来制造壳，然后把自己完全藏在壳中，这样就产生出了珊瑚个体。

接着，个体会分裂成两个，或者长出一个芽，不断复制出新的自己，新的个体并不与母体分离，身体的一部分相互连接，形成一整个群体，也就是通过单元的不断复制叠加，使群体不

图13-1　造礁珊瑚的群体（海花石）。看起来像蜂窝的一个个低洼的地方有珊瑚的水螅体，它们聚集在一起成为块状群体。

断成长。

　　珊瑚与海葵是近亲，也可以将珊瑚看作拥有石头房子的海葵。柔软的水螅体生活在坚硬的石穴之中。水螅体是圆筒形的，筒盖的边缘部分生长着好几根细长的手(触手)。珊瑚几乎从共生藻那里获得了所有食物，但必须靠自己的力量摄取磷和氮。这也和植物一样，植物仅依靠光合作用是不能生存的，要从根吸收磷和氮；珊瑚则要伸出触手，捕食附近的浮游生物，补充营养。

　　水螅体的触手一般白天收缩，晚上伸展。收缩时，阳光很容易照在共生藻上。浮游生物通常在夜间游动，这样伸展触手就容易捕捉食物。

　　水螅体也有肌肉和神经，只不过肌肉和神经并不发达。珊瑚个体连接在一起，神经也互相连接，但群体并不会像脊椎动物那样采取统一的敏捷行动。试着碰一碰一只水螅体，要是力度大，它附近的水螅体也会藏进石头房子里，它们之间的协调关系仅是如此。

随着群体变大，旧珊瑚虫死亡之后，它的石灰壳会留下来，新的个体便会附着其上。也就是说，即使旧个体死去，它的壳还是会留下，以维持群体的大小。这样，群体就会不断变大。

树木会不断地生长。长成大树后，树干中心的细胞就逐渐死亡，只留下细胞壁。树的细胞壁和草不同，含有大量的木质素。木质素有黏合剂的作用，会黏合纤维，因此树的细胞壁非常坚固，即使中间的细胞死亡，水分散逸掉，也不会因外力的作用折断，还是能支撑住树本身。另外，木质素不容易腐烂，即使细胞死去，细胞壁也能留下来，因此树干会保持原来的粗细，这是树和珊瑚的共同点。

珊瑚的个体寿命有限，但群体的寿命似乎没有终点（其实没有人测量过）。个体寿命有限是很自然的，个体是装入遗传基因的袋子，如果损坏了就换一个新的。但群体却不同，珊瑚的群体会不断生长，不断变大。树的寿命也相当长，有一棵称为绳文杉的长寿树，据说寿命达几千年，不禁让人怀疑它的生命是否真有极限。

很多人会调查树的寿命，但很少有人调查珊瑚的寿命，树的寿命从几十年到几千年，因种类不同而各不相同。这是因为树的寿命和生长环境有关，生长在严酷环境下的植物寿命似乎也相对较短。不像脊椎动物，寿命因体型大小有一定的限度。

珊瑚和树有很多相似点。一般繁殖下一代时，由母亲提供卵子，父亲提供精子，卵子和精子结合，这称为有性生殖。而珊瑚群体通过分裂和出芽增加后代，和性无关，称为无性生殖。

树擅长无性生殖，像竹子通过地下茎进行繁殖，树可以通过匍匐茎和根芽进行繁殖。另外，切下一根树枝插入土中，它也会慢慢生长。而把珊瑚的某一节折断扔在海中，也会形成新的珊瑚群体。

将珊瑚和树放在一起来看，会产生一个疑问：一棵树到底是不是一个个体？或许树是以细胞为个体，一棵树是细胞个体聚集而成的一个群体。这种说法非常极端，很难说正确，树当然是一个个体。之所以这样说，是因为植物与我们熟悉的脊椎动物的个体概念有很大不同。将植物看作由个体聚集而成的群体反而更易理解。

如果提取出一个胡萝卜细胞，悉心培育，就能得到另一根胡萝卜。从珊瑚群体中取出一个个体培育，持续无性生殖，就会成为新的群体。但是从老鼠身上取出一个细胞，却不能创造出新的老鼠。

动物细胞把支撑身体的任务交给骨骼，还创造出很多不同的系统，以负担其他各种功能。而像珊瑚那样由个体聚集成群体，虽然每个个体很小，但是功能齐全，以其中一个为基础就能制造新的个体，失去某部分时的再生能力也很强。树枝折断后，折口处会再次长出新芽；珊瑚群体即使被鱼吃掉一部分，也还会再生。

植物和珊瑚能够成为群体，其中一个原因是每个个体都有一个硬壳，可以说都是拥有"外骨骼"的生物。人们将覆盖在珊瑚的水螅体外的石灰质外壳称为外骨骼，那么也不妨将植物细胞的细胞壁称为外骨骼。

外骨骼将柔软的营养部分用坚硬的外壳包裹起来，对于固定在一处、无法逃走的生物来说，是最理想的骨骼。但它也有很大缺陷，外部覆盖着坚硬外壳，使得生长产生了大问题。

昆虫在生长过程中会定期蜕掉外骨骼，贝类也拥有外骨骼，它的成长相当费工夫。贝类的身体并没有完全被壳包住，开着一个壳口。因此只要在壳口部分分泌石灰质，就能使壳变大。但有一个问题，假设贝壳是圆柱形，在壳口部分分泌石灰质，贝壳就会变得越来越细长，也就是说贝壳的形状会随着生长发生变化，这一点非常不利。

我们想一想海螺和蜗牛，海螺的壳是螺旋状的，这种螺旋称为等角螺线。随着螺旋变多，螺旋的卷幅也以一定的比率增大。这样的话，螺旋壳即使生长，形状也不会改变。像文蛤、花蛤的外壳乍看之下并不呈螺旋状，其实也是螺旋幅度非常小的等角螺线。

贝类很了解几何学。它们知道采用什么形状，即使大小发生了变化，也能保持形状不变，但这也意味着贝类不能再有其他的外形，这是很不自由的，是个很大的制约。大概也因为如此，很多贝类会蜕壳。

在有外骨骼的动物中，只有珊瑚不使用蜕壳和等角螺线生长的方法。也就是说，它们会制造很多个体，使其单独生长，从而避免整体生长带来的问题。

群体结构的优点

我们讨论了珊瑚和树相似的地方。这是固定在一处，又需要阳光的生物通过进化找到的相同设计。这种设计就是由硬壳覆盖的单元个体聚集成群体。

首先考虑一下每个单元个体的特征。它的外壳类似建筑中用的砖块，负责支撑工作，所以必须要坚硬、能抵抗压力。珊瑚的壳由碳酸钙构成，非常硬。植物主要以纤维素为建筑材料，而树木会用木质素，进一步增加单元体外壳的坚硬程度。

这种壳不容易被吃掉。碳酸钙十分坚硬，无法食用，即使吃了也没有营养。植物的纤维素，动物吃了也无法消化。

壳很难分解，即使动物死了，壳也会保持原样留下来。人们也用它们来做建筑材料。对树和珊瑚来说，这种性质使它们能容易地增大体型。

建造单元体时，建筑费当然越便宜越好。珊瑚制作壳使用的碳酸钙几乎不花什么费用。海水中溶有大量二氧化碳，稍加处理就能使二氧化碳以碳酸钙的形式沉淀下来。但植物的纤维制作起来没这么简单，植物在制作细胞壁时可以说不惜成本。我在前文说过，植物是出于对生存的考量，才在外壁上大作投资。

那么单元体的特征是什么呢？为了更好地接受阳光照射，体型一定要大。体型大且不需移动的生物会通过单元构造制造身体，因为只要简单地累积个体就可以，制作过程简单，制造成本也便宜。因此，在付出同等代价的情况下，利用单元构造的生物体型更大。

利用单元构造时，每个个体通过分裂和出芽的方式进行无性生殖，不断分裂出新的个体，生长没有限制。每个个体都有硬壳，这个壳又成为支撑整体的力量，每个个体像砖一样累积起来形成群体。即使个体死去，壳也存在，使群体不断变大。

单个单元体寿命有限，但作为群体，因为不停地有新个体产生，所以寿命可以看作无限。对固定不动的生物来说，土地是最大的财富。如果正好位于光线好的场所，就可以一直在这里生长下去。对它们来说，群体制无疑是一种适合的体制。一些植物到了冬天就会枯萎，但很多植物只要留着根，到了春天又会通过无性繁殖繁茂起来，绝不会轻易放弃绝佳的场所。

对于群体来说，如果生长环境很好，那么通讨无性繁殖确保这个场所是个好方法。有性繁殖有一个优点，能依据遗传基因制造出适应各种环境的下一代。如果后代的生活环境和母亲的生活环境相同，就不需要改变遗传基因，只通过无性繁殖就可以了，因此不能移动的生物基本上都是无性繁殖。

白天不动的生物，最关心的事就是如何不被捕食者捕食。为了接受阳光照射，它们需要无遮无拦地待在太阳下，但如此一来就很容易被发现。这时候，它们的硬壳就该发挥作用了——外壳不但能支撑身体，还有防御作用。

擅于移动的动物逃跑速度很快，有发达的肌肉，在捕食者看来真是香甜可口。反之，不能动的生物的壳由碳酸钙构成，缺少营养，而这类生物又没什么肌肉，吃起来口感不好，全是骨头或纤维，引不起捕食者的兴趣。

群体还有很多避免被捕食的有利特性。个体聚集使群体不断变大，不容易被整个儿吞下。又因为动物的数量会随着体型的增大而减少，捕食者也相应变少了。

动物捕食时，不一定将猎物整个儿吞下，有时会撕开一点点食用。而对于群体来说，即使被吃掉了一部分，也无非体型变小，其他方面并没有太大影响。

群体很容易通过无性繁殖增加个体，轻松地让被吃掉的部分再生。关于再生，群体还有另一个便利的地方。

即便四只脚的动物失去了脚能再生，但在再生过程中，脚也基本不能发挥作用，要等到完全恢复之后，才能够像以前一样走路。

但对群体来说，哪怕仅仅再生了一个细胞，从那个细胞再生的时刻起，它就能承担相应的工作。例如被吃掉了十个个体，会减少十份光合作用的能量，但只要再生了一个个体，就马上能增加一份光合作用的能量。

对于需要阳光的生物来说，如果被其他生物遮挡住了，就麻烦了。那是不是就没有办法了？当然不是。生物会在没有被遮挡住的部分补充新个体。因此从某种程度上来说，它们也是在移动的。群体会改变自己的形状，以应对环境的变化。而固定不动的生物个体就没有这样的优势了。

这样看来，个体聚集所构成的群体，体型很容易变大，而且寿命长，不易被捕食者吃掉。对于需要阳光又不能移动的生物来说，这是非常完美的构造。

利用水流的各种珊瑚

陆地上很少有生物拥有群体结构，但是海里生活着许多这样的生物。除了前面讲过的珊瑚和海藻，还有海鞘、苔藓虫、柳珊瑚、海绵等，都是捕捉乘着水流而来的浮游生物的捕食者。它们伫立在水流中，静静等待食物过来。

而陆地上没有类似的生物。这是因为空气和水的密度不同。水有浮力，东西不易沉下去。而且生物的比重基本一样，不管是活的生物还是生物死后分解的有机物，都不会沉下去，而是漂在水中。因此，生物只要在有水流的地方等待，就能捕捉到食物。即便不四处移动，食物也会漂过来。

但是在空气中就不行。空气的密度是水的千分之一，几乎没有浮力，物体会马上掉到地面上。即使是织网，食物也不会自动过来，只可能捕获到处飞的动物。

在珊瑚礁的深处，生活着一种名为柳珊瑚的生物。柳珊瑚是一种腔肠动物，是我们前面谈到的造礁珊瑚的同类。和造礁珊瑚一样，柳珊瑚是群体结构的生物，其形状类似树枝，而且分支基本在同一平面上，刚好是扇形，如图 13-2 所示。群体固着在海底，体型相当大，有的高度甚至超过了人。柳珊瑚的捕食方法是每个个体伸出小触手，捕捉乘水而来的浮游生物。

和柳珊瑚类似的有树状团扇藻，顾名思义，它的形状如团扇一般，固着在海底的岩石上，团扇与水流呈垂直方向。对于要迎着水流捕捉浮游生物的生物来说，团扇这样的形状十分便利。

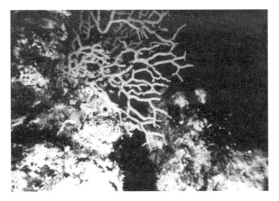

图13-2　柳珊瑚的树状群体

　　像柳珊瑚、树状团扇藻那样，利用自然水流捕食的生物被称为海洋悬浊物摄食者。它们生活在有水流的地方，所以体型大一点比较有利。接触水流的面越宽，能捕到的食物越多，另外，长得高就不用担心被其他生物拦截水流。但如此一来体型也变得惹眼，要设法不被捕食者吃掉。由此看来，需要水流的固定生物与树和珊瑚的处境很相似。所以，这类生物也采取了由覆盖着硬壳的个体聚集成群体的方式。

　　对于一个需要扩大身体面积捕捉食物的生物来说，群体是很好的结构。如果给每一个个体都装上捕饵装置，那么整个群体都能捕捉食物。例如，植物的每个细胞都有叶绿体进行光合作用，珊瑚的每一个个体也都有捕食的触手。

　　柳珊瑚的壳是由特别的蛋白质和碳酸钙构成的，坚硬且强韧。不管是用手折还是用刀切，都很难弄断。这是它和一般珊瑚不同的地方。一般珊瑚的壳是纯碳酸钙，非常硬但缺乏韧性。用力折就会吧嗒一下折断，为什么柳珊瑚的壳不一样呢？

　　像柳珊瑚这样的海洋悬浊物摄食者在捕食时，身体迎向水流，水流会给群体施加很大的力。太强的力很可能破坏部分结构。壳具有韧性的话，在强大的水流冲击时就能弯曲身体，像柳树一样随水流摆动。

　　生长在浅海的树状团扇藻也会随着波浪摆动，但它们的触手是顺着波浪的方向弯曲。这样做的好处就是不会被波浪损坏身体。另外，如果身体是趴着的，波浪涌来时，浮游生物会随着波浪一下子流过去。而身体随着波浪摆动的话，捕捉食物的时间就很充裕。

　　海洋悬浊物摄食者生活地点的水流方向并不是一直固定的。如果水流方向改变了，它们摆动的方向不改变，捕食的效率就会下降。但身体具有柔韧性，就能像风向标一样，始终保持与水流垂直。也就是说，当需要利用水流时，壳不能太硬，应该既坚硬又有韧性。

　　珊瑚也生活在海中，虽不是与水流毫无关系，但它不像海洋悬浊物摄食者那样完全仰仗水的流动生存。光是珊瑚生活的基础，但光的方向和水流方向不同，不会变化不定，所以一般的珊瑚没必要像柳珊瑚那样柔韧。它们纯碳酸钙的壳虽然不柔韧，但很坚硬，有很好的支撑和防御作用，而且制造起来也很方便。像柳珊瑚那样为了使壳具有柔韧性，还要使用蛋白质这种造价高昂的材料。

珊瑚会通过改变群体形状适应环境。如果生长的地方波浪不大，珊瑚就会像树一样有枝干和叶片。如果生长的地方波浪强度大，珊瑚就会有粗壮的枝干或块状结构。枝和叶的形状有利于接受光，但容易折断，而块状结构就不会。

从一个珊瑚群体中折下两支，一支移植到波浪平静的地方，一支移植到波浪激烈的地方。移植到波浪平静之处的珊瑚变成了纤细的枝状群体，移植到波浪激烈之处的珊瑚变成了块状群体。这是日本生物学教授西平守孝的研究结果，我在看到这两种珊瑚的实物时非常吃惊，这是同一株珊瑚的后代吗？变化大得简直让人难以相信自己的眼睛。由此可见，群体的优点之一就是可以适应环境，生长为不同的群体形状。

同为海洋悬浊物摄食者，海鞘是靠自己的力量引起水流变动，然后再通过过滤捕食浮游生物。和柳珊瑚不同，海鞘没有必要把身体暴露在水流较强的地方。这大概是因为海鞘不能形成群体。对于海鞘来说，壳是很好的捕食工具。海鞘的壳是由与纤维素相似的物质构成的。它的很多同类体内也共生有藻类，这也是群体性，可以说是"需要光的固着性生物一起结合成了群体"。

第十四章

奇妙的棘皮动物

海胆、海星、海百合等生物被称为棘皮动物。这是因为它们的身上都覆盖着由许多小骨片连接而成的壳，这个壳可以保护它们不受捕食者的伤害，有很好的防御作用，因此这些生物才可以大摇大摆地生活在弱肉强食的海洋中。

海星和海胆为什么能动

试着观察一下海岸，就可以看到像带壳栗子一样长着棘皮的海胆，附近可能还有像星星一样的海星。海胆和海星是我们最为熟悉的棘皮动物。

海胆和海星的体型很大，数量也很多，而且不会藏起来，常常能在海边看到。这样的动物并不多。上一章提到的珊瑚、柳珊瑚等固着性动物，虽然也一直待着不动，但它们看起来就像植物或岩石，全然不像动物。而一般能动的动物都会隐藏或逃遁，并不容易看到。海胆和海星虽然能动，却不会逃跑。

海胆在人能看到的地方悠闲地转悠，吃石上的海藻。海星则吃贝类，它会覆在贝壳上待几小时。这不管怎么看都和平常的动物不一样。为什么动作并不敏捷的海胆和海星能捕到食物，还不会被捕食者吃掉呢？

首先我们来看海胆。海胆的身体被完好的壳覆盖着。壳上长有很尖的棘。壳和棘均由碳酸钙构成，非常坚硬。海胆像一座针山，这样就不会轻易地被捕食者吃掉。

棘不仅仅能防御捕食者，有了棘，捕食者就不能接触海胆的本体。棘越长，体型就可以变得越大。体型一变大，就更难被吃掉。长棘是让体型变大的一个好方法。

但是，体型大并不都是优点。体型太大，想隐藏时就很难找到藏身的地方。起风浪时若不藏起来，就容易被波浪卷走，不知漂向何处，也有可能被波浪拍到陆地上。

海胆的办法是让棘伏倒。棘和壳的连接处有关节，能使棘立起或倒下。棘一倒下，壳就变小了，这样海胆就能很容易地找到岩穴等躲藏的地方。棘根部的关节呈球状，使棘能够360

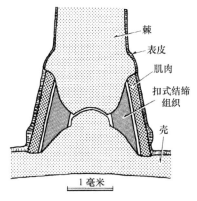

图14-1 海胆棘的关节纵切面
（前田以1978年的数据为基础绘制）

度旋转，如图 14-1 所示。另有两层扣式结缔组织^①包裹着关节，连接着棘和壳。组织外侧是肌肉，肌肉收缩带动棘运动。

扣式结缔组织的软硬度可以调节。这些组织变硬，关节就被固定住，棘就能保持直立的姿势。当海胆想让棘动时，首先让扣式结缔组织变得柔软，这样关节就能动了，棘倒向肌肉收缩的方向。也就是说，能调节软硬度的扣式结缔组织对棘的姿势起到了重要作用。

扣式结缔组织是本章的重点。棘皮动物尽管动作很慢，神经系统也不发达，但通过扣式结缔组织调节软硬度，便能以较大的体型坦荡荡地在海底生活。因此下面我想谈谈棘皮动物的过人之处，这个话题也和体型有关。

所谓结缔组织是构成人类的肌腱、韧带、软骨、皮肤的组织。试着摸一下脚踝，就能摸到连接骨头和肌肉的阿基里斯腱，它是具有代表性的肌腱。另外，吃鸡肉的时候可以看到骨头关节处有硬硬的白色物质，那就是软骨。这些组织主要由细胞分泌的细胞间质构成，其主要成分是胶原纤维和糖胺聚糖。

胶原纤维柔软强韧，能承受很大的张力。老鼠尾巴的成分基本上就是胶原纤维束。而糖胺聚糖是很长的高分子聚合物，含有很多负离子，这些负离子会把大量的水吸引到糖胺聚糖的

---

① catch connective tissue，亦称为易变胶原组织。

周围。水很难被压缩，因此胶原纤维和糖胺聚糖的结构使组织具有很强的耐拉伸性和耐压缩性，是很好的建筑材料。

结缔组织的软硬程度在短时间内不会改变，但是扣式结缔组织能在瞬间改变软硬程度，海胆和海星就利用这种结构来调整身体姿势。那棘皮动物为什么不使用肌肉呢？

我们向上抬胳膊时，手臂肌肉会收缩，因此长时间抬胳膊会很累。而保持同样的姿势意味着不做任何功，但肌肉收缩时要分解ATP，需要持续使用能量，因此这样做的效率不高。持续抬着胳膊时，姿势没有改变，但肌肉还在消耗能量。而棘皮动物通过调节结合组织的软硬程度，同样能保持姿势。

扣式结缔组织的扣是"搭扣"的意思。给窗户挂上搭扣，窗户就无法从外面打开了。因此可以通过类似"搭扣"的结构改变姿势，这样做时仅仅在挂搭扣时耗费能量，挂好之后，不管怎么从外面使力，里面也会保持固有的形态。

扣式结缔组织就是这样的组织。试着测量一个个体的肌肉和扣式结缔组织，比较一下两者的耗氧量和能量消耗量。扣式结缔组织在调整软硬程度时会使用相当多的能量，但在其他时候与肌肉相比，能量消耗要少得多。因此，对只是偶尔运动的生物来说，通过扣式结缔组织维持姿势是很有利的。

但是对于需要频繁改变姿势的生物来说，要常常挂搭扣、取搭扣，会消耗能量，扣式结缔组织的节能效果会减弱。而且制造扣式结缔组织这样的结构需要投入相应的能量。因此，比起同时使用扣式结缔组织和肌肉来说，仅仅使用肌肉要有利得多，也简单得多。

也就是说，扣式结缔组织很适合偶尔运动的生物。但这类动物也需要肌肉来进行运动，扣式结缔组织虽然能改变软硬程度，但无法自我收缩。

扣式结缔组织的搭扣构造还没有完全明了。扣式结缔组织的细胞内含有钙离子，我认为，当它需要变硬时，钙就会从细胞内释放出来，在糖胺聚糖等细胞间质之间架起桥，使之成为搭扣，这样它就会变硬。

海星的内骨骼

我们接下来看看海星。如图 14-2 所示，海星的体表密密麻麻地覆着几毫米大的小骨片。骨片由碳酸钙构成，上面有很多小孔（如图 14-3 所示），小孔里有制造骨片的细胞。

仔细观察骨片，会发现骨片之间有部分重合，所有骨片像一个整体一样覆盖在身体外部，如图 14-4 所示。骨片下面较厚实的部分就是扣式结缔组织，组织层的胶原纤维进入到骨片的小孔里。即是说，骨片之间通过扣式结缔组织连接起来。另外，

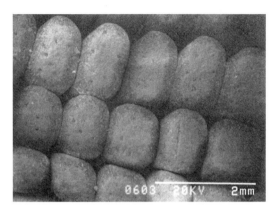

图 14-2　电子显微镜下海星的体表。海星身体表面覆
盖着很多小骨片，保护着身体。

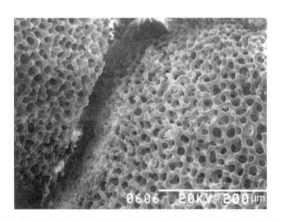

图 14-3　海星的骨片上布满了小孔。这是把图 14-2 放大 10 倍后
拍摄的照片，可以看到两片相邻的骨片之间有重合。

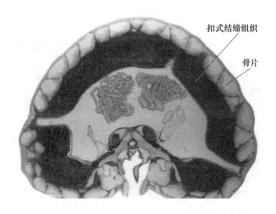

扣式结缔组织

骨片

图14-4 海星腕横切面。骨片排列成瓦片状覆盖着身体，里面又黑
又厚的部分是扣式结缔组织，中央的中空部分是体液堆积腔。

相邻骨片之间还连接着几根极细的肌肉，通过这些肌肉的收缩，能够调节骨片的位置。

小骨片被扣式结缔组织拼在一起形成"铠甲"，这是棘皮动物的特征。海星是一个典型代表，其实海胆的壳也一样，可以将海胆的棘看作针形的骨片。

下面我同样以海星为例，来说明一下这种骨片铠甲有多么优秀。海星的身体被坚硬的骨片铠甲覆盖着，很难被其他动物捕食。也就是说，它的骨骼系统成了优秀的保护壳。同样用碳酸钙壳覆盖身体的典型动物还有贝类。贝类和海星的壳构造方式不同，比如花蛤和文蛤，它们的壳是由一块完整的骨骼构成的。而海星将壳分成极小的骨片，并用扣式结缔组织将其连接起来。

这样做是有意义的。比较一下木棒和链条就会明白，分割为小部分能使身体自由弯曲。我们可以认为海星穿着链条衣服。只不过这种链条衣服的每一个链都带有锁。用手摸摸海星，海星的身体会立刻变硬，保护自己，这是因为连接骨片的扣式结缔组织变硬了，固定住了骨片的位置。如果骨片间的锁解开，海星就能自由地将身体变形。小骨片的连接处能像关节一样活动，可以进行复杂的变形。试着翻转海星，它能很灵活地翻过来，这时身体是很柔软的。能这样变化，正是因为扣式结缔组织会调整软硬度，控制骨片的位置。

　　把壳分为小部分还有一个好处，就是不容易损坏。一整块东西一旦有裂纹，裂纹加剧，就会彻底裂开。饼干包装袋上的小撕口就是利用了这个原理。而为了使裂纹不分裂下去，只要把整体分成小部分拼合起来就行了，就像海星的骨片那样，碳酸钙虽然坚硬，但也很脆，一整块容易断裂，分为小块就不容易坏了。

　　另外，骨骼坚硬耐压缩，但不耐拉伸。而由胶原纤维构成的扣式结缔组织却能对抗拉伸。海星结合使用了以上两种组织，所以它既耐压缩也耐拉伸，不易损坏。

　　海星的骨片覆盖着身体，起着外骨骼的作用。但是严格地讲，这不是外骨骼。因为它的骨骼外侧还覆盖着一层很薄的表皮，骨骼系统在表皮的内侧，因此海星的骨骼从定义上讲应是内骨骼。

棘皮动物都拥有像这样的内骨骼，它们为什么要做这么麻烦的事情？

联想一下昆虫的外骨骼。用外骨骼完全包住身体作为防御是非常有利的，但是会给生长带来问题。昆虫要定期蜕皮，这是很危险的过程，体型越大，蜕皮越困难。棘皮动物采用这种外骨骼式的内骨骼，规避了这种困难。

棘皮动物的骨片之中有活的造骨细胞，因此内骨骼不像外骨骼那样是完全置于体外的死亡组织。但内骨骼的外面只有一张薄薄的皮，大部分身体都在骨骼之内。从捕食者的角度来看，海胆和海星除了骨骼就是扣式结缔组织，吃起来口感不好，也没有营养；而像生殖器官和消化器官那些好吃的则在内侧，难以吃到。这就使内骨骼具备了外骨骼的优点。

另一方面，内骨骼的优点还体现在生长过程中。刚才我们讲过，昆虫由于外骨骼的限制，生长过程非常艰难。棘皮动物的壳同时兼具外骨骼的作用。它们在生长时，会使扣式结缔组织变得柔软，移动骨片，然后在骨片间的缝隙中填充碳酸钙，制作新的骨片，不用蜕皮而使壳变大成长。能完成这个过程，正是因为有扣式结缔组织和骨片中的活细胞。

这样的推理听起来很合理。但实际上棘皮动物生长时，扣式结缔组织究竟是如何变化的，这一点尚未得到证明。已经证明个别种类的海胆和海星的壳是由扣式结缔组织连接骨片组成的，但要证明在缓慢的生长过程中，扣式结缔组织的软硬程度发生了什么变化，却很困难。

海蛇尾的自切和再生

棘皮动物有海胆、海星、海参、海蛇尾、海百合等，扣式结缔组织在这些动物的身体中起着重要作用，图 14-5 标出了各种动物扣式结缔组织的位置。

海蛇尾会翻动海岸的岩石，很多人都见过它。海蛇尾的外形很像蜘蛛，从圆盘状的身体上伸出五根细长的腕，弯弯曲曲地不断摆动。它的英文学名翻译过来是"易碎的海星"，因为它被抓住腕，就会切断被抓住的部分逃走。为了保护自己切断部分身体的现象称为"自切"，许多棘皮动物都会自切，海蛇尾可以说是其中的典型代表。那么，棘皮动物为什么要进行自切呢？

海蛇尾的腕像人类的脊椎骨一样，由很多骨骼连接在一起，这种骨骼叫作椎骨。紧邻的腕骨之间有关节、肌肉和韧带。肌肉附着在骨骼上的部分成为肌腱，韧带和肌腱都由扣式结缔组织构成。试着抓一下海蛇尾的腕，被抓住部分上部关节处的扣式结缔组织会变得十分柔软，腕就从这个地方断开。自切是一种保护身体的有效手段。只要从被抓住的部分切断，身体就有时间逃到岩石下面。

　　柔软的扣式结缔组织几乎没什么感觉神经，所以才能想切断就切断，但并不是任何生物都可以切断身体的一部分。如果会给身体带来伤害，而且不能恢复，就不能这样做。

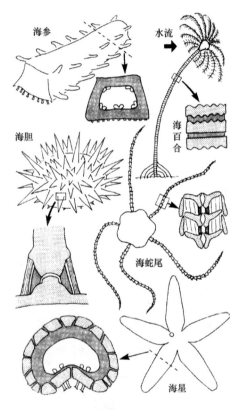

图14-5　各种棘皮动物中扣式结缔组织的情况。
灰色部分是扣式结缔组织，有灰点的部分是骨骼。

海蛇尾的腕由同样的骨骼连接构成。从单只腕来看，是由同样的个体反复连接构成的，所以叫单元构造。这种生物即使失去一个单元也不会致命，而且能再生失去的部分。特别是对棘皮动物来说，与利用肌肉相比，骨骼和扣式结缔组织的"建筑费"便宜得多，而且容易再生。所以海蛇尾才能安心地切断腕。

关于单元构造，我们可以看看前面珊瑚的例子，海蛇尾和珊瑚有很大的不同。珊瑚群体完全是单元构造，而海蛇尾只有身体的一部分是单元构造，不具备群体性。很多海蛇尾是海洋悬浊物摄食者，身体隐藏在岩石间，向外伸出长长的腕，在水流中捕捉浮游生物。所以它的身体中，只有容易遇到危险的触手是单元构造。

海百合是现存的棘皮动物中最原始的种类。在海百合身上也能看到和海蛇尾类似的自切和再生性能。它生活在深海，也是海洋悬浊物摄食者，因形状像百合花而得名。我只见过海百合标本，像没有张开的伞。活着的海百合可能更漂亮。

海百合的"花柄"部分固定在海底，本体在顶端，从本体张开像伞骨一样的触手。它们用长在触手上的管足捕捉经过的浮游生物。管足是能在水压下运动的小器官，海星和海胆都有这种器官。海百合的花柄部分也是单元构造，也能进行自切和再生。

我们经常可以见到海星切断触手再生的情景，而海参会吐出内脏或脱掉表皮进行再生，借此从捕食者手中逃脱。

棘皮动物的进化

棘皮动物的支持系统（骨骼）是由小骨片通过扣式结缔组织连接在一起的，这是与其他动物不同的地方。为什么棘皮动物会有这样的组织？这与它的进化有关。

棘皮动物因为有骨骼，容易作为化石遗留下来。人类已发现寒武纪初期棘皮动物的完好化石。这些化石像现在的海星一样，用瓦片似的相互重叠的小骨片覆盖着身体。但连接这些骨片的是不是扣式结缔组织，没办法从化石中判断。

不过从现存的棘皮动物和棘皮动物的系统发生树推测，似乎可以认为棘皮动物在进化早期就具有扣式结缔组织。由此大概可以认定，很早以前小骨片就是由扣式结缔组织拼合起来的。

初期的棘皮动物全部固着在海底，在水流中伸展身体捕捉浮游生物，是海洋悬浊物摄食者。棘皮动物的种类曾经十分繁荣，支配着古生代海底世界，海百合就是它们中的幸存者。

这些海洋悬浊物摄食者的支持系统具有什么样的性质呢？让我们比较一下海洋悬浊物摄食者的要求和棘皮动物的性质（见表14-1）。

通过比较，就能知道棘皮动物的支持系统是其作为海洋悬浊物摄食者适应环境的结果。

表 14-1　海洋悬浊物摄食者的要求和棘皮动物的性质

海洋悬浊物摄食者的要求	棘皮动物的支持系统
力学性质	
坚硬（对抗水流、保持姿势）	扣式结缔组织既能变硬也能变软
柔软（对应水流的变化，躲避强大水流，提高捕食效率）	
强韧（不会因水流损坏）	小的压缩要素被张力要素连接起来
经济性	
建筑费（制造大体型）	多使用除细胞以外的成分
维持费（维持姿势）	扣式结缔组织（不是肌肉）
防御	
生活在没有遮蔽的地方，	硬壳
所以要有很好的防御系统	细胞外成分很多（营养价值小）
	骨片
	棘等附属物
	自切

　　那么海洋悬浊物摄食者的支持系统具有怎样的力学性质呢？它要非常坚硬，也要非常柔韧，如果水流方向改变，它也能改变自己的方向。

　　那么，棘皮动物的支持系统是怎样的呢？它们的扣式结缔组织变硬，就能在水流中保持身体形状；当需要变柔软时，扣式结缔组织也能变软。尤其是棘皮动物，它的支持系统是扣式结缔组织拼合小骨片形成的，所以很难损坏。因此从力学性质上讲，棘皮动物的支持系统非常适合海洋悬浊物摄食者的要求。

那支持系统的经济性又如何呢？从某种程度上讲，海洋悬浊物摄食者的体型越大越好，所以构建身体的材质需要经济一些；大体型能长时间对抗水流，那就必须使用不必花费太多能量的方式来维持姿势。

棘皮动物的支持系统中，骨片的成分是碳酸钙。而碳酸钙在海中取之不尽，是很便宜的材料。而扣式结缔组织在制作时比骨头的成本更高，但与制作细胞相比，建筑费和维护费更便宜。而且关键在于，使用扣式结缔组织维持姿势，要比使用肌肉便宜得多。

支持系统对于捕食者又如何呢？海洋悬浊物摄食者一般都是固着性的，生活在没有遮蔽的地方，所以身体必须不容易被吃掉，或者即使被吃了一部分，也能再生。

棘皮动物的内骨骼是很好的防御工具。体表的小骨片拼合起来支撑身体，所以稍微改变骨骼的形状，就能简单地使棘生长。尤其对于自己应付不了的敌人，可以切断身体的一部分给对方，而切断的部分还可以再生。

这样看来，棘皮动物的支持系统完全满足海洋悬浊物摄食者的必备特性。

反向考虑的话，是不是可以认为"由扣式结缔组织拼合起来的小骨片构成的支持系统"，是棘皮动物这种海洋悬浊物摄食者为了适应环境进化而来的。

关于棘皮动物的谜题

有一位叫利比·海曼的美国动物学家，她的著作几乎记录了所有的海洋生物，每种生物的资料都有一本书那么厚。她在书中说道：

"棘皮动物仿佛是为了让动物学者觉得不可思议而特别设计的高贵动物。"这句话很有名，时至今日，大家还在赞叹"事实的确如此"。

海曼对动物的任何事情都很感兴趣，所以才这样说，但棘皮动物真的如此了不起吗？它和其他动物有什么不同？我从教科书上搜集了一些棘皮动物身上至今还没弄清的问题（见表14-2）。仔细观察的话，可以发现事实确如海曼所说。虽然关于扣式结缔组织的问题也列在了表上，但这一问题已被我的恩师高桥景一先生于一九六六年解开，在一九八四年以后为大众所知，当然，海曼不知道这一点。

表 14-2　棘皮动物未被了解的性质

序号	性质	序号	性质
1	固着在海底	8	自切和再生
2	水管系统（管足）	9	呈辐射对称
3	小骨片形成的支持系统	10	中枢神经不发达
4	扣式结缔组织	11	没有群体结构
5	大体型	12	海栖（不能在淡水中和陆地上生存）
6	能量消耗低	13	没有寄生性的个体
7	棘等附属物发达		

我们已经发现了棘皮动物扣式结缔组织的秘密，但还有很多谜题。下面尝试着解答一下。

我们按照表中的顺序一一解答。棘皮动物是固着在海底（性质 1）的。它的所有性质可以说都是为了适应生活环境进化而来。其中固着性是最基本的前提。

对海洋悬浊物摄食者来说，为了捕捉食物，需要能伸缩的器官，这就是管足（性质 2）。

如前文所见，由扣式结缔组织将小骨片连接形成的支持系统（性质 3），非常适合海洋悬浊物摄食者。性质 5 至性质 8 是从这个支持系统中衍生出来的。和本书主题相契合，大体型（性质 5）也是棘皮动物为了适应环境进化而来的特点。

棘皮动物的外形一般呈星形(性质 9)，海星是很典型的代表，这对于海洋悬浊物摄食者的生存很有好处。在此不再赘述。

棘皮动物的中枢神经不发达（性质10），不用移动就能捕食的生物不需要复杂的神经系统。如果你认为棘皮动物脑子不好，轻视它们，它们或许会反驳："那种不动坏脑筋就不能生存的家伙才愚蠢呢。"

棘皮动物没有群体结构（性质11）。它们的触手一般采用单元构造，没有特别的环境要求它成为群体，除了触手就是本体。特别是棘皮动物有旺盛的再生能力，因此不需要变为群体。

性质12和性质13，我认为是受到扣式结缔组织的制约。扣式结缔组织的坚硬程度受细胞外液体的离子浓度，尤其是钙离子浓度的影响很大。大概是因为改变细胞外液体的离子浓度要比改变细胞内液体离子的浓度难，所以棘皮动物一般不能在海水以外的环境中生存，也就是说，不能在淡水（性质12）和其他液体中生存。这些是我的猜想。

若按照上述的思路，棘皮动物的全部性质可以理解成是为了适应海洋悬浊物摄食者的要求进化出来的。

但这只是推理而已，实际上是有问题的。到目前为止，我们考察的对象只是固着性的海洋悬浊物摄食者，但表中所列的是所有棘皮动物的特质。以海百合为例，还有许多棘皮动物也以海洋浮游生物为食，但不固着。表中的性质也适用这些动物。因此，以上论述还不完善。

其实，初期的棘皮动物都是固着性的。即是说，从固着生活进化而来的、能够四处活动的棘皮动物，继续保持着从祖先那里遗传下来的性质。在思考其中的原因之前，我们先来思考一下从固着生活到自由生活可能发生的变化。

棘皮动物从过着固着生活的祖先，进化出了能自由活动的种类——这有点奇怪。因为固着生活者的神经系统和运动系统都退化了，再重新恢复神经系统和运动系统，使身体能来回运动是极其困难的。因此，固着生活者步入了进化的死胡同。为什么棘皮动物却一反动物学的常识，从固着生活者中进化出了自由生活者呢？R.B.克拉克发出了这样的疑问。他把生物力学引入到动物进化论中，本书后半部分的理论基本是按他的思路阐述的。

通过考察动物的支持系统和管足可以回答这个问题。棘皮动物的支持系统和珊瑚不同，有弯曲性。动物身体太僵硬的话，就不能灵活运动，但棘皮动物有扣式结缔组织。它一变软，小骨片就能滑动，身体就能弯曲，这有利于运动。

管足在棘皮动物向自由生活者进化的过程中起到了很大的作用。它作为摄食器官分布于身体中，虽然很小，但能伸缩，所以也能利用它进行一定的移动。实际上，海胆和海星都使用管足走路。

以上是我对棘皮动物进化的设想，现在生存着的棘皮动物从固着生活者向自由生活者进化时，有一些结构是与扣式结缔组织相关的。

有一种被称为日本海齿花的海百合类棘皮动物，在有水流经过的岩石上摄食浮游生物，它能挥动触手游动。可以把日本海齿花看作能脱离柄的海百合。其实日本海齿花在个体未成熟时，和海百合一样，由柄固着在海底。到了某个时期，伞的部分会吧嗒一下从柄上脱落，脱离母体成为能自由生活的个体。一般认为，此时连接伞和柄的扣式结缔组织会变软，伞就从那里脱落下来。

虽然不能简单地说"个体发育的历史是系统发育历史的重演"，但是不是可以想象，在海百合向海齿花进化时发生了完全相同的事情？若真是这样，扣式结缔组织就直接关系到从固着生活者向自由生活者的进化。

这样就可以回答克拉克的疑问了。在固着于海底、捕食海洋浮游生物的初期，棘皮动物是统治古生代海洋的代表性生物，但今天只有海百合还生活在深海里。一般认为，这与强力捕食者的出现有关。对于棘皮动物来说，如果出现了凶猛的捕食者，与一直固定在显眼的地方相比，只在必要的时候出现，其余时间隐藏起来更好。因此，很多固着性棘皮动物已经灭亡，进而进化出了能自由活动的棘皮动物。

只要能动，就能四处寻找、选择食物生活。但是对于昨天还过着固定生活的动物，是不能指望它拥有追赶猎物的运动能力的，因此它只能寻找不能逃的猎物。而不逃的猎物肯定有不逃也能活下去的理由。不用说，就是成为难以对付的猎物。

比如海胆的食物是海藻。海藻生活在有阳光的地方，海胆如果在这种地方进食，容易被捕食者发现。在此，海洋悬浊物摄食者的祖先遗传下来的防御方法对海胆有很大帮助。而海参会吞进沙子，以其中的有机物为营养。吃营养价值这么低的食物还能生存下去，是因为从祖先那里遗传到了能量消耗低的优点。能量消耗低大概和体型小也有很大关系。肚里塞满沙子，拖着沉重的身体却不会被捕食者吃掉，是因为它从祖先那里遗传到了很好的防御能力。

海星吃贝类。对于养殖牡蛎和扇贝的产业来说，海星是大敌。海星捕食贝时，用五只腕抱住贝，然后用管足吸住壳，把它撬开。贝当然誓死抵抗，所以海星无法轻易打开贝壳，花好几个小时才能稍稍打开一条缝，这时它马上吐出贲门胃，让胃从缝隙间滑进贝壳体内，然后分泌消化液，溶解并吸收掉它，这称为体外消化法。而海星会安静地待在贝壳上，从开始打开贝到吃完有时要花几天。

棘冠海星作为珊瑚的天敌而恶名远扬。它是一种直径超过30厘米的大型海星。它会从口中吐出胃，溶解并吃掉珊瑚，有时整天一动不动地待在珊瑚上。珊瑚有碳酸钙筑成的房子，几乎没有哪种动物能吃掉它，但棘冠海星是个例外。当坚硬的铠甲也被化学武器溶解掉，就没有办法了。

珊瑚生长在日光充足的地方，棘冠海星在这样的地方慢慢地吐出胃，再静静地消化珊瑚，换作一般的动物，恐怕反而会被捕食者吃掉。很难想象它一边收回吐出的胃一边逃跑的情景，但棘冠海星有从祖先那儿遗传下来的良好防御技能，这对它来说不是问题。

现存的棘皮动物可以花费大量时间，慢慢吃掉那些难对付的食物，过着安逸的生活。而且周围食物丰沛，还不会逃跑，它可以像吸尘器一样沿着海底慢慢扫荡，所以呈辐射对称的体型比较便利。左右对称的形状也适合快速移动。

可以说，表 14-2 列举的适合海洋悬浊物摄食者的性质，也很适合慢慢徘徊在海底的棘皮动物。

不可思议的棘皮动物

海曼说："棘皮动物是被设计为只能小幅移动的生物。"

她认为棘皮动物是不可思议的生物，是因为她还没有理解棘皮动物的构造。一般的动物不是能灵活地活动，就是完全不动，而棘皮动物处于这二者的中间状态。

包括我们自身在内，一提到动物，首先想到的可能是敏捷的"运动型"动物，它们通过快速奔跑捕捉食物或逃离捕食者。

这类动物拥有发达的肌肉和灵敏的神经系统。

而以珊瑚为首的固着性生物被称为"防御型生物"。如果没有优秀的防御系统，它们就会被捕食者吃掉，因此常常有很坚硬的壳。支持系统较重的话，就会欠缺柔韧性，无法移动，因此这类生物的运动系统和神经系统不发达。

棘皮动物有既能变硬也能变软的如同外骨骼的内骨骼，它们无法捕食运动型的动物，又对防御型生物无从下手，于是只能独占海藻、贝类和珊瑚等固着在海底的生物。看看棘皮动物繁多的种类，就知道它们是多么成功的生物。它们既不逃也不隐藏，光明正大地在海底缓慢移动巨大的身体。

但很多人今天仍然看不起棘皮动物："低能、愚蠢，那样的生物居然能生存？"但是，棘皮动物小幅移动的生活方式实际上是聪明省力的选择。

写这一章时，我思考的起点是，为什么海边有那么多海星、海参这类大体型的生物？然后按线索追溯，想到体型和支持系统，又举了很多关于动物设计构造的实例，于是写得偏长了一些。

只有研究动物的构造，人类才可以理解动物。所谓构造，就是动物生存下来的道理。如果不能理解它们的构造，人类就无法和动物建立和谐的关系。我认为发现这些规律并尊重它们，是动物学者的重要使命。

后记

当知道不同的动物拥有不同的时间时，我觉得十分新鲜，而且受到了很大冲击。之前我一直坚信时间是唯一的绝对不变的东西，了解有各种各样的时间之后，感觉自己似乎变聪明了。

那时，我学习动物学已经十多年，却从来没听说过这个理论，所以受到了不小的冲击。时间不同，意味着世界观完全不同。我们完全不理解动物的世界观，却和它们一直共同生活到了今天。以这种态度做研究到底有什么意义呢？我感到茫然。与此同时，对于教育没有教给我这么重要的事情也感到愤怒。本书中的理论就是以这种愤怒为杠杆写作而成的，其中也有不少自我反省。

以这种冲击为契机，我开始考虑动物的世界观，每种动物都应该有自己的世界观、价值观和生活规律。即使动物的脑海中没有"世界观"这种意识，世界观也一定体现在它们的生活方式和身体构造中。解读和了解动物为了适应环境和生活进化出的身体构造，就能了解动物的世界观，更理解、更尊重它们。我认为这就是动物学者的工作。

我们经常看到不同国家发生摩擦的新闻，可见理解不同的世界观有多难。人类之间尚且如此，要理解动物的世界观，不付出更多的努力肯定不行。

大小是一个相对的概念。我们的许多常识是以人为参照物得来的，所谓科学和哲学，就是用这种常识来解释事物。物理和化学是通过人类的眼睛解释自然，哲学则是观察人大脑里想的东西，生物学则可以使人了解自身在自然中的位置。一直以来以物理为中心的科学，难道不是人类对掠夺自然的行径进行自我认可的东西吗？

写这本书期间，我从冲绳搬到了东京。冲绳人和东京人走路的速度不同，说话的速度也不同。我不禁开始思考，都市人那被束缚在物理时间里的时间，真的是人本来的时间吗？

在飞往东京的飞机上，我看到东京上空漂浮着灰色的云。飞机钻入其中，降落到羽田机场。我走下扶梯，仰望天空，一时间说不出话。的确，东京没有天空，我也没有心情再仰望天空。我看着天空的眼睛失去了目标，于是在自己的头脑中进行想象。

如果接触不到生动的自然，人类就会在头脑中想象，自然似乎变成了抽象的东西。而一旦变得抽象，思考就会无限地扩展，进而脱离实际。

都市人所做的事情真的符合人的体型需求吗？人类的体型没有太大变化，但思考的范围却在急剧扩展，这大概就是今天都市人的状态。但我觉得只有头脑不断进步，而其他方面没有改变，才是今天人类不幸的最大原因。

本书第一章和第二章的部分内容是为《中央公论》杂志写的随笔，这些内容被收录在日本散文俱乐部主编的散文集《父亲的价值》和《尼泊尔的高楼》中，想必有些读者曾看过。

在此，我要对为本书原稿提出宝贵意见的东北大学的西平守孝先生、东京工业大学的伊能教夫先生表示感谢。编辑石川先生也给予了我很多关怀和建议。十分感谢！

本川达雄

附录

附录一　指数、对数和异速生长公式

a×a×a 是把 a 乘了 3 次，用 a^3 来表示，叫 a 的 3 次方，这种表述方法称为指数。a×a×a×a=a^4，把 a 乘以 n 次就是 a^n。

下面是指数计算的法则：

$$x^a \times x^b = x^{a+b} \qquad x^{-a} = 1/x^a$$

$$x^a \div x^b = x^{a-b} \qquad x^0 = 1$$

$$(x^a)^b = x^{ab}$$

假设动物的体重为 W，身体各部分的大小和动物的代谢率 y 的关系，基本可以用下面的体重指数函数来表示：

$$y = aW^b$$

也就是说，y 与 W 的 b 次方成正比，a 是系数。这个公式称为异速生长公式。如图 1 所示，系数 a 为 2,b 的值分别是 -0.25、0.75、1、2。若 b 的值大于 1，那么随着 W 的增加，y 就急剧增加；若 b 是负数，W 增加，y 就减少。

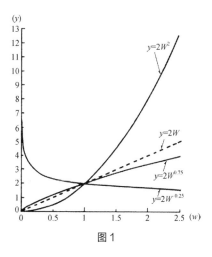

图1

异速生长公式 y=aW^b 以对数的形式写成：

$$\log y = \log a + b \log W$$

用对数表示异速生长公式时,会得到一条通过点（1, log a）、斜率为 b 的直线。图 2 是将图 1 以双对数坐标重新绘制后得到的图。

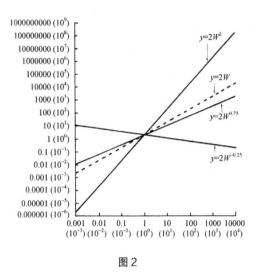

图2

附录二　球形动物的极限体型

若球形动物既没有呼吸系统也没有循环系统，仅依靠体表扩散氧的话，体型能达到多大呢？

假定球形动物的半径为 r，在与球心相距 x 的地方有一个球面。

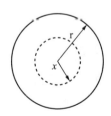

球面的面积 A=$4\pi x^2$，那么球的体积 V=（4/3）πx^3。

根据以下公式求得通过球面的氧的量。

$$J=-KA（dp/ds）$$

在这个公式里，J 是依据单位时间通过球表面（面积 A）物质的量获得的，dp/ds 是物质（这里指氧）的浓度梯度。在这里，s=r-x。

这个氧的量是指球面内侧组织所使用的量，假如这个动物平均单位体积的耗氧量为 m，那么需要流入的氧气量为 mV。

因此公式的左边是：

$$J=mV=m（4/3）\pi x^3$$

公式的右边是：

$$-KA（dp/ds）=K4\pi x^2（dp/dx）$$

约去两边相同的部分整理后就成为：

$$dp=（m/3K）xdx$$

求 x 为 0 ～ r 时的积分。

假设动物体外的氧压为 Pe，动物中心的氧压为 P_0，那么

$$P_e - P_0 = (m/6K) r^2$$

因为 P_0 不会变为负数，所以，

$$P_e \geq (m/6K) r^2$$

因此，

$$r \leq \sqrt{6P_eK/m}$$

在此，

P_e =0.21atm（大气中的氧压）

K=8 × 10^{-4} cm^2/atm · hr（动物组织的实测值）

m=0.1 cm^3O_2/cm^3·hr（体型相近的无脊椎动物的实测值）

代入这些值，得出 r≤1 毫米。

至于扁虫那样的扁平形生物，氧会从身体上方进入，利用和上面相同的方法可以计算出它的最大厚度，结果如下：

$$r \leq \sqrt{2P_eK/m}$$

代入上面 P_e、K、m 的值，得出 r≤0.6 毫米。

圆柱形的生物，氧从表面进入，利用下面的公式计算：

$$r \leq \sqrt{4P_eK/m}$$

代入上面 P_e、K、m 的值，得出 r≤0.8 毫米。

附录三　圆柱形生物的极限体型

有循环系统，但没有呼吸系统的圆柱形生物，最粗能变多粗呢？假设圆柱体的半径为 r，长度为 L，这个圆柱体的体积为 V=π r^2L，表面积为 A=2π rL，如图 3 所示。

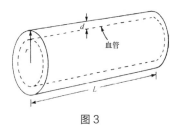

图 3

循环系统与圆柱形生物体表的距离是 d，氧从体表通过扩散进入这个循环系统中。

用公式计算，通过体表的氧的量为：

$$J=-KA \ (dp/ds)$$

如果这个动物平均 1 立方厘米的组织耗氧量为 m，它的耗氧量就变为 mV，必须要有这么多的氧通过体表进入身体。

这样公式就变为：

$$J=mV=m \pi r^2 L$$

若体外氧压是 P_e，血中氧压为 P_b，浓度梯度就变为：

$$dp/ds = \ (P_e-P_b) \ /d$$

公式的右边为：

$$-KA \ (dp/ds) =-K \ (2\pi rL) \ (P_e-P_b) \ /d$$

约去公式两边相同的部分整理后就成为：

$$r = 2K \ (P_e - P_b) \ /md$$

参看附录二，代入 K、P_e 的值，得到

$P_b = 0.05atm$

$m = 0.06cm^3O_2/cm^3 \cdot hr$（体长 20 厘米的蚯蚓的实测值）

$d = 0.003cm$ （体长 20 厘米的蚯蚓的实测值）

那么，$r = 1.3cm$。

附录四　时间与体重的关系

我们知道：

力 = 质量 × 加速度（牛顿第二定律）

而且，

质量 ∝ 长度 × 截面积

加速度 ∝ 长度 / 时间^2

若把这些代入上面的公式，那么，

$$力 \propto 长度 \times 截面积 \times 长度 / 时间^2$$

因此，

$$力 / 截面积 \propto 长度^2 / 时间^2$$

因为肌肉单位截面积的力量是一定的，上面公式左侧的值是一定的，所以——

$$时间 \propto 长度$$

若是弹性相似，则——

$$长度 \propto 体重^{1/4}$$

所以——

$$时间 \propto 体重^{1/4}$$

也就是说，如果动物弹性相似，那么时间与体重的 1/4 次方成正比。

图书在版编目（ＣＩＰ）数据

大象的时间，老鼠的时间／〔日〕本川达雄著；乐
燕子译. —— 2版. —— 海口：南海出版公司，2017.9
ISBN 978-7-5442-8858-3

Ⅰ. ①大… Ⅱ. ①本… ②乐… Ⅲ. ①动物－普及读
物 Ⅳ. ①Q95-49

中国版本图书馆CIP数据核字(2017)第085692号

大象的时间，老鼠的时间
〔日〕本川达雄 著
乐燕子 译

出　　版　南海出版公司　（0898)66568511
　　　　　海口市海秀中路51号星华大厦五楼　　邮编 570206
发　　行　新经典发行有限公司
　　　　　电话(010)68423599　　邮箱 editor@readinglife.com
经　　销　新华书店
责任编辑　翟明明
特邀编辑　褚方叶　陈文娟
装帧设计　李照祥
内文制作　田晓波
印　　刷　北京富达印务有限公司
开　　本　850毫米×1168毫米　1/32
印　　张　6.75
字　　数　116千
版　　次　2010年6月第1版　2017年9月第2版
印　　次　2017年9月第2次印刷
书　　号　ISBN 978-7-5442-8858-3
定　　价　45.00元

著作权合同登记号　图字：30—2010—29